essentials

essentials liefern aktuelles Wissen in konzentrierter Form. Die Essenz dessen, worauf es als „State-of-the-Art" in der gegenwärtigen Fachdiskussion oder in der Praxis ankommt.

essentials informieren schnell, unkompliziert und verständlich

- als Einführung in ein aktuelles Thema aus Ihrem Fachgebiet
- als Einstieg in ein für Sie noch unbekanntes Themenfeld
- als Einblick, um zum Thema mitreden zu können

Die Bücher in elektronischer und gedruckter Form bringen das Fachwissen von Springerautorinnen kompakt zur Darstellung. Sie sind besonders für die Nutzung als eBook auf Tablet-PCs, eBook-Readern und Smartphones geeignet. *essentials* sind Wissensbausteine aus den Wirtschafts-, Sozial- und Geisteswissenschaften, aus Technik und Naturwissenschaften sowie aus Medizin, Psychologie und Gesundheitsberufen. Von renommierten Autorinnen aller Springer-Verlagsmarken.

Alexander Brödner

Decision Theater zur Förderung mathematischer Modellierungskompetenz

Grundlagen, Einsatz und Anwendungsbeispiel

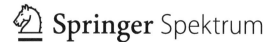

Springer Spektrum

Alexander Brödner
Institut für Philosophie
FU Berlin
Berlin, Deutschland

ISSN 2197-6708   ISSN 2197-6716 (electronic)
essentials
ISBN 978-3-662-67065-1   ISBN 978-3-662-67066-8 (eBook)
https://doi.org/10.1007/978-3-662-67066-8

Die Deutsche Nationalbibliothek verzeichnet diese Publikation in der Deutschen Nationalbibliografie; detaillierte bibliografische Daten sind im Internet über http://dnb.d-nb.de abrufbar.

Planung/Lektorat: Andreas Rüdinger
Springer Spektrum ist ein Imprint der eingetragenen Gesellschaft Springer-Verlag GmbH, DE und ist ein Teil von Springer Nature.
Die Anschrift der Gesellschaft ist: Heidelberger Platz 3, 14197 Berlin, Germany

Was Sie in diesem *essential* finden können

- Eine Zusammenfassung der Kernaspekte der mathematischen Modellierungskompetenz im Schulkontext
- Einen prägnanten Überblick über die Methode des Decision Theater zur Vermittlung von Modellierungskompetenz
- Eine Diskussion des Decision Theater als IT-Dienstleister, Wissenschaftskommunikator und interaktiv-diskursive Lernumgebung
- Die Veranschaulichung der Funktion des Decision Theater an einem konkreten Beispiel sowie die wichtigsten Aspekte des Einsatzes des Decision Theater im Schulkontext

Inhaltsverzeichnis

Einleitung 1

Dieses Buch bietet eine grundlegende Einführung in den Einsatz der Methode des Decision Theater zur Vermittlung von mathematischer Modellierungskompetenz im Schulkontext. Das Modellieren legt den Fokus auf den Prozess des Lösens von Problemen, die in der Realität, d. h. in einer Welt außerhalb der Mathematik auftreten. Modellierungsaufgaben sollen realitätsbezogene und authentische Problemstellungen beinhalten, die im besten Fall eine gesellschaftliche Relevanz aufweisen. Mit der Kompetenz des Modellierens ist somit ein anderes Bild der Mathematik verbunden. Mathematik ist nicht nur formales Rechnen, sondern hat den Anspruch, als bedeutsame Wissenschaft für Kultur und Gesellschaft Werkzeuge für das Bearbeiten von außer-mathematischen Problemen anzubieten. In den letzten Jahren hat sich unter anderem anhand der Covid-19 Pandemie mehr denn je gezeigt, wie Mathematik im Allgemeinen und das mathematische Modellieren im Speziellen zum Verständnis globaler Herausforderungen und Möglichkeiten zu ihrer Bewältigung beiträgt. Deshalb sollte die mathematische Modellierungskompetenz eine zentrale Rolle im Schulunterricht spielen. Doch der Prozess von Vermittlung und Erwerb einer solchen Kompetenz ist komplex und mit vielfältigen Schwierigkeiten verbunden.

Angesichts dieser Ausgangslage stellt das Buch die Methode des Decision Theater als innovative Lernumgebung neuer Art vor, die die Vermittlung von mathematischer Modellierungskompetenz unterstützen kann. Dabei trägt die Methode des Decision Theatre auf drei Ebenen dazu bei, Modellierungskompetenz und ein damit verbundenes ganzheitliches Bild der Mathematik zu fördern: Das Decision Theatre dient als IT-Dienstleister, als Wissenschaftskommunikator und als interaktiv-diskursive Lernumgebung. Als Zusammenfassung der wichtigsten Aspekte des Einsatzes der Methode des Decision Theater im Schulkontext richtet sich das Buch an Didaktiker*innen und Lehrkräfte aller Schulformen.

A. Brödner, *Decision Theater zur Förderung mathematischer Modellierungskompetenz*, essentials, https://doi.org/10.1007/978-3-662-67066-8_1

Das vorliegende Buch gliedert sich in vier Hauptkapitel. Zunächst wird das Modellieren als Kompetenz im Mathematikunterricht in seinen wichtigsten Aspekten vorgestellt (Kap. 2), um den damit verbundenen Anspruch herauszuarbeiten (Kap. 3). Es wird sich zeigen, dass der Anspruch des Modellierens Hand in Hand geht mit einem ganzheitlicheren Bild der Mathematik. Die Umsetzung dieses Anspruchs, so wird sich ebenfalls zeigen, geht mit vielfältigen Schwierigkeiten einher. Das vierte Kapitel führt die Methode des Decision Theatre ein. Als Dialogformat, das im außerschulischen Kontext einerseits Wissenschaftler*innen und andererseits gesellschaftliche Akteur*innen aus verschiedenen Bereichen zusammenbringt, hat das Decision Theatre das Ziel der Diskussion von gesamtgesellschaftlichen Problemen. Das fünfte Kapitel führt in das Projekt „Schule @ Decision Theatre Lab" ein und veranschaulicht an diesem konkreten Beispiel, inwieweit das Decision Theatre in der Lage ist, den Anspruch des Modellierens im Mathematikunterricht einzulösen. Das Projekt „Schule @ Decision Theatre Lab" ist ein aktuelles Forschungsprojekt, das auf der Verbundforschung des Berliner Exzellenzclusters MATH + basiert. Die Potenziale des Decision Theatres werden für den schulischen Mathematikunterricht theoretisch untersucht und anhand der Durchführung des Projekts veranschaulicht.

Modellieren als Kompetenz im Mathematikunterricht

2

Durch die Kompetenz des Modellierens sollen Schüler*innen in der Lage sein, zwischen Realität und Mathematik in beide Richtungen zu übersetzen und im mathematischen Modell zu arbeiten. Der Begriff Modellieren legt den Fokus auf den Prozess des Lösens von Problemen aus der Realität außerhalb der Mathematik (Greefrath et al., 2013). Mit Modellieren wird die Tätigkeit bezeichnet, durch die ein mathematisches Modell mit Blick auf ein bestimmtes Anwendungsproblem erstellt und bearbeitet wird. Das Modellieren ist ein zentraler Teil des Sachrechnens. Der Ausdruck ›Sachrechnen‹ bezeichnet allgemein die Auseinandersetzung mit der Umwelt im Mathematikunterricht. Geht man von einem Problem in der Realität aus und beginnt dies mit mathematischen Methoden zu lösen, so steht das Modellieren im Mittelpunkt (Greefrath, 2018). Die Definition des Modellierens beschreibt globale Modellierungskompetenzen, wobei sich das Modellieren selbst in gewisse Teilprozesse unterteilen lassen. So kann man unter Modellierungskompetenz die Fähigkeit verstehen, mathematische Modelle zu konstruieren, zu nutzen oder anzupassen, indem die Prozessschritte adäquat und problemangemessen ausgeführt werden, sowie gegebene Modelle zu analysieren oder vergleichend zu beurteilen (Blum, 2015).

2.1 Modellierungskreislauf

Eine Darstellung des komplexen Modellierungsprozesses, wie er idealtypisch und linearisiert durchlaufen werden kann, erfolgt in der Literatur anhand eines Kreislaufs, des sogenannten Modellierungskreislaufs, der streng genommen somit selbst wieder ein Modell des Modellierungsprozesses ist (Greefrath et al., 2013). Während die Darstellung eines vereinfachten Sachverhaltes mittels cines Modclls noch keine prozessbezogene Tätigkeit darstellt, wird durch den

A. Brödner, *Decision Theater zur Förderung mathematischer Modellierungskompetenz*, essentials, https://doi.org/10.1007/978-3-662-67066-8_2

Modellierungskreislauf der Prozess in den Vordergrund gestellt. Solche Kreislauf-
modelle werden zielgerichtet erstellt und unterscheiden sich demnach in bewusst
differenzierter Weise voneinander.

Der Modellierungskreislauf nach Blum und Leiß (2005) wird auch als sieben-
schrittiger Modellierungskreislauf beschrieben, da der Modellierungsprozess, wie
in Abb. 2.1 dargestellt, durch sieben Schritte gekennzeichnet wird. Anhand dieser Schritte können die Teilkompetenzen beschrieben werden, die Schüler*innen
benötigen bzw. erwerben müssen, um den Kreislauf erfolgreich zu durchlaufen.
Diese werden in Abschn. 2.2 noch detaillierter betrachtet. An dieser Stelle sollen
zunächst die einzelnen durch Abb. 2.1 visualisierten Schritte kurz beschrieben
werden (Mischau & Eilerts, 2018; Borromeo Ferri, 2016).

Für dieses komplexe Modell des Modellierungsprozesses ist der Ausgangspunkt eine Realsituation aus dem ‚Rest der Welt', die eine authentische
Problemstellung beinhaltet, welche mit mathematischen Hilfsmitteln bearbeitet
wird.

1. *Verstehen:* Diese Realsituation wird entsprechend dem Wissen, den Zielen und Interessen der Modellierenden in ein kognitives Modell transferiert.
   Ausgehend von der Realsituation findet hierbei zunächst eine unbewusste
   Vereinfachung statt, das heißt eine Filterung der relevanten Informationen
   (Borromeo Ferri, 2006). Die Informationen aus der Realsituation gelangen
   nicht auf direkte Weise in das Bewusstsein des Lernenden, sondern werden gemäß der konstruktivistischen Grundauffassung verarbeitet und in einer
   mentalen Repräsentation, dem Situationsmodell, abgebildet. Da bei den meisten Modellierungsaufgaben die Realsituation in Textform vorliegt, wird das
   Situationsmodell durch das Lesen des Aufgabentextes gebildet.
2. *Vereinfachen und Strukturieren:* Die Aktivitäten Vereinfachen und Strukturieren sind bewusstere Vorgänge (Borromeo Ferri, 2006) und bereiten das
   Situationsmodell auf die Übersetzung in die Welt der Mathematik vor, indem
   irrelevante Informationen aus dem Situationsmodell entfernt und fehlende
   Informationen ergänzt werden. Außerdem werden als Ziel des Modellierungsprozesses Zusammenhänge zwischen den Informationen und die gesuchten
   Größen herausgearbeitet. Das aus diesen Prozessen resultierende mentale
   Modell wird Realmodell genannt. Die Unterscheidung zwischen dem Situationsmodell als initialem mentalem Modell und dem Realmodell ermöglicht
   eine genauere Analyse möglicher Fehlerquellen, da zur Konstruktion dieser
   mentalen Modelle verschiedene Modellierungsaktivitäten nötig sind. Verein-
   fachungen, Strukturierungen sowie Präzisierungen der entstandenen mentalen

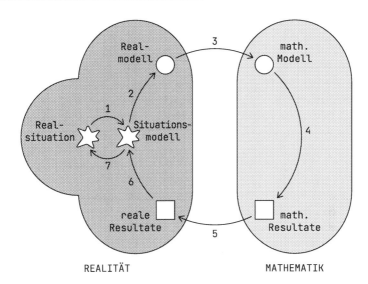

REALITÄT   **MATHEMATIK**

Schritte des Kreislaufs:

1 = verstehen
2 = vereinfachen, strukturieren
3 = mathematisieren
4 = mathematisch arbeiten
5 = interpretieren
6 = validieren
7 = vermitteln

Abb. 2.1 Modellierungskreislauf nach Blum und Leiß (2005, S. 19)

Repräsentation führen zu einem realen Modell beziehungsweise einer Spezifizierung des Problems. Viele dieser Probleme, zu deren Lösung mathematische Modelle herangezogen werden, sind praktischer Art. Gegebenenfalls werden zur Lösung solcher Probleme reale Daten gesammelt, um mehr Informationen über die Situation zu erhalten. Diese Daten legen häufig den Typ des mathematischen Modells nahe, der geeignet ist, das spezifizierte, in der realen Welt identifizierte Problem zu lösen.

3. *Mathematisieren:* Durch einen Mathematisierungsprozess werden die relevanten Objekte, Beziehungen und Annahmen aus der Realwelt in die Mathematik

übersetzt, was zu einem mathematischen Modell führt, mit dem das identifizierte Problem bearbeitet werden kann (Blum, 2015). Beim Mathematisieren wird auf Grundlage des Realmodells also ein mathematisches Modell erstellt. Größen aus der realen Welt und ihre Zusammenhänge werden in mathematische Konstrukte wie Variablen, Terme, Gleichungen und Funktionen, aber auch in mathematische Skizzen übersetzt. Dieser Prozess mündet unter eventueller Hinzunahme sogenannter externer Darstellungen, etwa Zeichnungen und Formeln, je nach den (individuellen) mathematischen Kompetenzen der modellierenden Person in ein mehr oder weniger akkurates mathematisches Modell (Mischau & Eilerts, 2018). Die ursprüngliche Problemstellung der realen Situation wird nun durch ein mathematisches Modell dargestellt.

4. *Mathematisch arbeiten:* Anschließend werden mathematische Methoden verwendet, um Ergebnisse abzuleiten, die für jene Fragen relevant sind, welche sich aus der Übersetzung des realweltlichen Problems ergeben. Mathematisches Arbeiten umfasst die Wahl und Anwendung mathematischer Werkzeuge sowie heuristischer Strategien. Das mathematische Arbeiten liefert mathematische Resultate.

5. *Interpretieren:* Die derart ermittelten mathematischen Resultate müssen dann in Bezug auf den ursprünglichen realen Problemkontext interpretiert werden. Dabei werden die mathematischen Resultate in das Realmodell eingeordnet. Den mathematisch ermittelten Zahlen wird somit ein lebensweltlicher Sinn verliehen, indem sie von Lernenden in Zusammenhang mit dem Ausgangsproblem gesetzt werden (Mischau & Eilerts, 2018). Falls es die Situation erfordert, müssen Ergebnisse beispielsweise gerundet werden. Aus der Interpretation der mathematischen Resultate ergeben sich die sogenannten realen Resultate.

6. *Validieren:* Anschließend wird der gesamte Prozess validiert, indem überprüft wird, ob die interpretierten mathematischen Ergebnisse gemäß den Informationen aus der ursprünglichen Problembeschreibung plausibel sind und das Modell im Lichte der resultierenden Lösung als geeignet erscheint. Bei der Validierung werden die realen Resultate auf das Situationsmodell übertragen. Hier ist die Vorstellung der Situation unter der Leitfrage, ob die Ergebnisse in diesem Kontext sinnvoll und plausibel sind, entscheidend. Wenn die Lösung oder das gewählte Vorgehen als nicht zufriedenstellend angesehen wird, müssen einzelne Schritte oder auch der gesamte Prozess unter Verwendung eines modifizierten oder eines völlig anderen Modells wiederholt werden. Mischau und Eilerts (2018) betonen, dass es beim Validieren darum geht, die rechnerischen Ergebnisse kritisch zu reflektieren, um abzugleichen, ob das Problem erfolgreich gelöst wurde. (Borromeo Ferri, 2006) stellt fest, dass intuitive,

aber auch wissensbasierte Validierungen bei Lernenden nicht die Regel sind beziehungsweise sich ausschließlich auf eine rein mathematische Validierung beziehen, ohne dass eine Verknüpfung mit der in der Aufgabe beschriebenen Problemstellung vorgenommen wird. Ein anschauliches Beispiel wäre die Planung einer Klassenfahrt, bei der übersehen wird, dass sich ein Schüler im Rollstuhl in der Gruppe befindet, was bei der Planung der Benutzung des öffentlichen Nahverkehrs übersehen wurde (Mischau & Eilerts, 2018).

7. Vermitteln: Schließlich wird die Lösung des ursprünglichen realweltlichen Problems dargelegt und gegebenenfalls an andere weitergegeben beziehungsweise kommuniziert. Die letzte Aktivität wird als ‚Vermitteln' bezeichnet. Gemeint sind das Dokumentieren und Erläutern des Lösungsprozesses. Auch wenn dieses Darlegen und Erklären im idealtypischen Kreislauf als letzte Aktivität aufgeführt ist, findet in der Praxis meistens parallel zu den anderen Aktivitäten eine Verschriftlichung des Lösungsprozesses statt (Blum, 2015).

Generell anzumerken und festzuhalten ist: Der Modellierungskreislauf ist eine lineare und idealtypische Darstellung, ein vereinfachendes Schema, das jedoch in den seltensten Fällen wie ein Algorithmus durchlaufen wird. Ganz im Gegenteil. Untersuchungen haben gezeigt, dass Schüler*innen Modellierungsprozesse nicht idealtypisch linear bzw. chronologisch durchlaufen, sondern in Form von Schleifen und Minikreisen zwischen den einzelnen Schritten wechseln und den Kreislauf unter Umständen sogar mehrmals durchlaufen (Borromeo Ferri, 2011; Maaß, 2018). Das bedeutet, dass das Modellierungsverhalten von Lernenden nicht so idealtypisch verläuft wie in den Modellierungskreisläufen beschrieben. So konnte Borromeo Ferri (2011) im Rahmen ihrer Fallstudien mit Lernenden der Klasse 10 empirisch individuelle Modellierungsverläufe von Lernenden rekonstruieren, die unter anderem vom präferierten mathematischen Denkstil beeinflusst waren und damit deutlich machen, wie stark individuelle Modellierungsprozesse von den theoretisch entwickelten Modellierungskreisläufen abweichen. Deutlich wird, dass Lernende gewisse Modellierungsphasen mehrfach durchlaufen und/oder andere dafür auslassen. Dabei springen die Lernenden zwischen den einzelnen Phasen in sogenannten „Mini-Kreisläufen", gehen beispielsweise in der Validierungsphase nochmals auf das reale Modell und die bei der Modellerstellung getroffenen Annahmen zurück. Des Weiteren sind Art und Häufigkeit des Auftretens solcher Mini-Kreisläufe auch von der Struktur der bearbeiteten Aufgaben abhängig.

Insgesamt ist der Modellierungsprozess ein komplexer Vorgang, der von Aufgabe zu Aufgabe und von verschiedenen Lernenden durchaus unterschiedlich durchlaufen wird bzw. werden kann (Borromeo Ferri, 2010). Er unterscheidet sich

zudem je nach Klassenstufe und den bereits vorhandenen prozess- wie inhalts-
bezogenen Kompetenzen. Der siebenschrittige Modellierungskreislauf von Blum
und Leiß (2005) ist heute die Grundlage für den Unterricht, zumindest ab der
Sekundarstufe. In der Grundschule, aber auch im Übergang zu Sekundarstufe I,
falls die Lernenden im Modellieren noch nicht geübt sind, wird jedoch normalerweise noch nicht der komplexe siebenschrittige Modellierungskreislauf, sondern
ein vier- oder fünfschrittiger Kreislauf[1] eingesetzt (Blum et al., 2009).

2.2   Teilkompetenzen des Modellierens

Um mögliche Schwierigkeiten und Hindernisse im Prozess des Erwerbs von
Modellierungskompetenz besser identifizieren zu können, ist es hilfreich, nicht
nur von einer Kompetenz zu sprechen, sondern verschiedene Teilkompetenzen
explizit zu identifizieren. Modellierungskompetenz stellt kein eindimensionales
Konstrukt dar, sondern lässt sich als Zusammenspiel unterschiedlicher Teilkompetenzen auffassen. Das Aufteilen des Modellierens in Teilkompetenzen bzw.
Teilprozesse ist ein möglicher Weg, die Komplexität der Problematik zu reduzieren. Insbesondere ermöglicht diese genaue Betrachtung von Teilkompetenzen eine
gezielte Diagnose und Förderung, trägt also mittelbar dazu bei, eine umfassende
Modellierungskompetenz aufzubauen (Greefrath, 2018).

Die von Maaß (2005) beschriebenen Fähigkeiten lassen sich sehr gut als einzelne Teilkompetenzen des Modellierungsprozesses beschreiben, die unmittelbar
mit dem in Abschn. 2.1 beschriebenen siebenschrittigen Modellierungskreislauf
von Blum und Leiß (2005) verknüpft werden können. Die folgende Übersicht
(angelehnt an: Greefrath, 2018, S. 43) verdeutlicht dies.

Teilkompetenz	Indikator
Verstehen	Die Schüler*innen entnehmen der Aufgabenstellung die wesentlichen Informationen, konstruieren ein eigenes mentales Modell zu einer gegebenen Problemsituation (Situationsmodell) und verstehen so die Fragestellung
Vereinfachen/ Strukturieren	Die Schüler*innen trennen wichtige und unwichtige Informationen einer Realsituation und verknüpfen diese mit ihrem Kontextwissen zu einem Realmodell

---

[1] Diese fünf Schritte lassen sich bspw. folgendermaßen fassen: Verstehen, Mathematisieren,
Bearbeiten, Interpretieren, Validieren (Maaß, 2018).

Teilkompetenz	Indikator
Mathematisieren	Die Schüler*innen übersetzen geeignet vereinfachte Realsituationen in mathematische Sprache und bilden so mathematische Modelle (z. B. Term, Gleichung, Figur, Diagramm, Funktion)
Mathematisch arbeiten	Die Schüler*innen arbeiten mit dem mathematischen Modell ausschließlich innermathematisch. Dabei werden mathematische Methoden verwendet, um Ergebnisse abzuleiten, die für jene Fragen relevant sind, die sich aus der Übersetzung des realweltlichen Problems ergeben
Interpretieren	Die Schüler*innen interpretieren die realen Resultate im Situationsmodell. Dabei werden die mathematischen Resultate in das Realmodell eingeordnet. Den mathematisch ermittelten Zahlen wird damit ein lebensweltlicher Sinn verliehen, indem sie seitens der Lernenden in einen Zusammenhang mit dem Ausgangsproblem gesetzt werden
Validieren	Die Schüler*innen beurteilen kritisch das verwendete mathematische Modell, indem überprüft wird, ob die interpretierten mathematischen Ergebnisse gemäß den Informationen aus der ursprünglichen Problembeschreibung plausibel sind und das Modell hinsichtlich der resultierenden Lösung als geeignet erscheint
Vermitteln	Die Schüler*innen beziehen die im Situationsmodell gefundenen Antworten auf die Realsituation und beantworten so die Fragestellung. Dies umfasst auch das Dokumentieren und Erläutern des Lösungsprozesses

Aus dieser tabellarischen Übersicht wird deutlich, dass im Modellieren die Förderung von anderen Kompetenzen aus den Standards der KMK und den länderspezifischen Lehrplänen automatisch inbegriffen ist. Nimmt man beispielsweise den Berliner Rahmenlehrplan (SenBJF, 2017) als Grundlage, zeigt sich: Da Modellierungsaufgaben immer problemhaltig sein müssen, wird zugleich der Kompetenzbereich „Probleme mathematisch lösen" gefördert. Die Bearbeitung der Problemstellung fördert kognitive Elemente in Form von Teilkompetenzen mathematischen Modellierens. Beim Durchlaufen eines Modellierungskreislaufs zum Lösen der gestellten Aufgabe müssen Schüler*innen im Teilschritt des „mathematischen Arbeitens" natürlich mit „symbolischen, technischen und formalen Elementen der Mathematik" umgehen (können). Je nach der Art der Bearbeitung kommt zudem möglicherweise im Teilschritt des „Mathematisierens" der Kompetenzbereich „mathematische Darstellungen verwenden" zum Tragen und bei den Teilschritten „Darlegen" und „Validieren" sind die Kompetenzen „mathematisch kommunizieren" bzw. „mathematisch argumentieren" von Belang. Es überschneiden sich im Modellieren mehrere Kompetenzen. Dies verdeutlicht, dass das Modellieren insgesamt eine besonders anspruchsvolle Kompetenz darstellt, da im Kontext des Modellierens auch andere prozessbezogene Kompetenzen beherrscht werden müssen.

Ein neuer Anspruch im Mathematikunterricht

Erste Forderungen nach einem Umdenken in Bezug auf den Anspruch des Mathematikunterrichts schon zu Beginn des 20. Jahrhunderts artikuliert (Kaiser et al., 2015). Es wurde ein stärker anwendungsorientierter Mathematikunterricht gefordert, der weniger das Ausführen von Kalkülen ins Zentrum stellt als vielmehr den Bezug zur Realität. Die Entwicklung hin zu tatsächlichen Veränderungen ist freilich ein langfristiger Prozess, der bis heute anhält. Bekräftigt wurden die Forderungen nach Veränderungen durch das im internationalen Vergleich relativ schlechte Abschneiden der deutschen Schüler*innen (TIMSS, PISA). In diesem Zusammenhang spricht man vom sogenannten PISA-Schock um das Jahr 2000. Damit wurde offensichtlich, dass sich der Anspruch des Mathematikunterrichts weitergehend ändern muss. Unterstützt durch die Kultusministerkonferenz der Bundesländer entstand die Zielstellung der Kompetenzorientierung. Infolgedessen wurden auch in die bundesländerspezifischen Lehrpläne mathematische Kompetenzbereiche aufgenommen. Der Anspruch eines anderen Mathematikunterrichts ist also sozusagen aktenkundig und wird auch (politisch) kommuniziert. Dieser Anspruch besteht allgemein in der Ausrichtung an den Bedürfnissen der Lernenden und in der Vermittlung von vielfältig nutzbaren und nützlichen Kenntnissen, die langfristig in unterschiedlichen Kontexten als Kompetenzen zur Verfügung stehen (Weinert, 2002). Wie die Umsetzung des neuen Anspruchs an den Mathematikunterricht vonstattengehen soll und welche Art von Aufgaben, Unterricht und Lernumgebungen dafür notwendig beziehungsweise hilfreich sind, war damit noch nicht geklärt und bleibt teilweise bis heute offen. Die Umsetzung geht dementsprechend – auch mehr als 20 Jahre nach dem PISA-Schock – nur zögerlich voran.

Der prozessbezogene mathematische Kompetenzbereich des Modellierens steht symptomatisch für diese Veränderung und zwar in doppelter Hinsicht. Einerseits ist das Modellieren besonders gut geeignet, um dem neuen Anspruch

A. Brödner, *Decision Theater zur Förderung mathematischer Modellierungskompetenz*, essentials, https://doi.org/10.1007/978-3-662-67066-8_3

gerecht zu werden. Modellierungsaufgaben sind klar anwendungsorientiert. Im Zentrum steht der Übersetzungsprozess zwischen Realität und Mathematik in beide Richtungen, und damit liegt der Fokus auf dem Prozess des Lösens von Problemen aus der Realität. Dass die Kompetenz des mathematischen Modellierens in den letzten Jahren zunehmend an Beachtung und Bedeutung innerhalb fachdidaktischer Diskussionen und Forschungen gewonnen hat, ist nicht nur ein Effekt der allgemeineren Debatte über die Integration von Realitätsbezügen in den Mathematikunterricht, sondern liegt auch daran, dass bei der Förderung dieser Kompetenz, wie bereits angedeutet, zugleich (zumindest indirekt) auch andere prozessbezogene Kompetenzen gefördert werden. Modellierungsaufgaben fordern von den Schüler*innen ein selbständiges und eigenverantwortliches Lösen von Aufgaben bei gleichzeitiger Anwendung einer Kompetenz, die vielfältig nutzbare Kenntnisse in unterschiedlichen Kontexten vermittelt. Andererseits sind Modellierungsaufgaben vergleichsweise schwierig im Mathematikunterricht umzusetzen. Hinzu kommt ein allgemeines Problem, dass hier hervorgehoben werden soll. Dieses Problem betrifft das Bild der Mathematik. Gerade der Kompetenzbereich des Modellierens fordert und bedarf eines neuen Bildes der Mathematik. Ihm zufolge besteht Mathematik gerade nicht allein und auch nicht in erster Linie in der Anwendung von Kalkülen und dem Durchführen von Rechenvorschriften, sondern ist eine anwendungsorientierte Kompetenz mit Realitätsbezug. Die Kompetenz des Modellierens geht einher mit einem anderen Bild von Mathematik in praktischer Umsetzung: Im besten Fall fördert die Vermittlung von Modellierungskompetenz auch eine Entwicklung der Schüler*innen hin zu mündigen, verantwortlichen und reflektiert-kritischen Mitgliedern der Gesellschaft.

3.1   Ein ganzheitlicheres Bild der Mathematik

Vor dem Hintergrund der Tatsache, dass Modellierungskompetenz mit einem neuen Bild der Mathematik einhergeht, ist in Bezug auf die fachdidaktische Perspektive sowie die Ziele im Unterricht Folgendes hervorzuheben (Greefrath et al., 2013; Kaiser et al., 2015): Anwendungsorientierte Mathematik mit Bezug zur Realität und dem Ziel, eine Entwicklung hin zu mündigen, verantwortlichen und reflektiert kritischen Mitgliedern der Gesellschaft zu fördern, kann aus fachdidaktischer Perspektive besonders gut durch realistisches beziehungsweise angewandtes Modellieren sowie durch sozialkritisches beziehungsweise soziokulturelles Modellieren umgesetzt werden. Dabei steht das Lösen realer Probleme mit dem Ziel eines besseren Verständnisses der Welt durch die Anwendung von Mathematik im Zentrum der Kompetenzvermittlung. Darüber hinaus wird ein kritisches Verständnis der umgebenden Welt wie auch der verwendeten mathematischen Modelle angestrebt. Außerdem wird die Bedeutung der Mathematik in der Welt und im Besonderen die Rolle von Mathematik bei der Aufklärung von gesellschaftlichen Problemen betont.

Ziel im Unterricht ist es, Phänomene der realen Welt mit mathematischen Mitteln erkennen und verstehen zu können (Blum, 2015; Maaß, 2005). Dabei fördert das Modellieren im Unterricht heuristische Strategien und Problemlösefähigkeiten der Schüler*innen sowie Kommunikations- und Argumentationsfähigkeiten. Nicht zuletzt wird auch kreatives und kritisches Verhalten der Schüler*innen gefördert. Schüler*innen werden in die Lage versetzt, verantwortungsvoll an der Gesellschaft teilhaben zu können und alltägliche Modelle (zum Beispiel Steuermodelle) kritisch zu beurteilen. Ganz im Sinne der Kompetenzorientierung werden somit vielfältig nutzbare Kenntnisse vermittelt, die langfristig in unterschiedlichen Kontexten zur Verfügung stehen. Im Zentrum steht dabei ein neues und ganzheitlicheres Bild der Mathematik als Wissenschaft und deren Bedeutung für Kultur und Gesellschaft. Das derzeit vorherrschende Bild der Mathematik berücksichtigt ihre gesellschaftliche Bedeutung nur bedingt. Dieses Bild kann geändert werden, wenn durch Modellierungsaufgaben herausgestellt wird, welchen Nutzen Mathematik zur Lösung auch außermathematischer Probleme bereitstellt.

3.2 Aufgabenkultur

Ein ganzheitlicheres Bild der Mathematik bedarf einer anderen Aufgabenkultur. Modellierungsaufgaben sind dafür besonders gut geeignet. Beim Modellieren liegt der Fokus auf der Übersetzung von Problemen aus der realen Welt in die Mathematik und wieder zurück in die reale Welt. Dies verdeutlicht der Modellierungskreislauf (vgl. Abschn. 2.1) mit den sich daraus ergebenden Teilkompetenzen (vgl. Abschn. 2.2). Die Kriterien für Modellierungsaufgaben schließen an den Kernaspekt der Übersetzung zwischen realer Welt und Mathematik an. Nimmt man diesen Übersetzungsprozess ernst, schließt sich der Kreis zu einem ganzheitlicheren Bild der Mathematik in praktischer Umsetzung. Anwendungsorientierter Mathematikunterricht, der Modellierungskompetenz fördern will, bedarf Aufgaben, die drei Kriterien erfüllen: Realitätsbezug, Authentizität und Offenheit (Greefrath, 2018; Maaß, 2005).

Authentizität bedeutet, dass die außermathematischen Kontexte und Probleme tatsächlich echt und nicht bloß für die Aufgabe konstruiert sind. Die Verwendung der Mathematik soll beim Lösen der Aufgabe sinnvoll und realistisch sein und nicht nur dem Üben von Rechenwegen dienen. Letztendlich bedeutet Authentizität auch, dass die Kontexte und Probleme für das gegenwärtige und zukünftige Leben der Schüler*innen relevant sind.

Das Kriterium des Realitätsbezugs erfordert, dass die Kontexte und Probleme einen Lebensweltbezug aufweisen und aus konkreten Alltags- oder Lebenssituation entspringen. Das soziokritische Modellieren betont dabei besonders Kontexte und Probleme, die selbständige und verantwortliche Entscheidungen von Schüler*innen einfordern und fördern. Diese Entscheidungen werden dabei im Prozess eines Dialogs getroffen, ohne dass die Lehrkraft die entscheidende Autorität innehat oder das Ergebnis durch die Problemstellung schon vorgegeben hat.

Das Kriterium der Offenheit schließlich fordert die Ausrichtung der Aufgaben an den Bedürfnissen und Niveaus der Lernenden. Dabei steht die Möglichkeit einer selbständigen und eigenverantwortlichen Lösung von Aufgaben und damit die Anwendung von Kompetenz im Vordergrund. Offene Aufgaben setzen dies um, indem sie differente Lernwege auf unterschiedlichen Niveaus anbieten. Offene Modellierungsaufgaben haben selbstdifferenzierende Eigenschaften, da sie eine nach Vorkenntnissen, Interessen und Leistungsfähigkeit differenzierte bzw. individualisierte Bearbeitung erlauben.

Durch die Beschreibung der Kriterien, unter denen Modellierungsaufgaben bewertet werden können, wird klar, dass es sich um ein anspruchsvolles Unterfangen handelt. So ist es beispielsweise schwierig, umsetzbare Aufgaben tatsächlich als authentische Aufgaben zu gestalten und dabei nicht bloße Textaufgaben oder eingekleidete Aufgaben zu stellen, sondern tatsächlich echte Kontexte und Probleme im Rahmen des Mathematikunterrichts zu bearbeiten. Hier zeigt sich, dass der Weg zu einem ganzheitlicheren und ausdifferenzierteren Bild der Mathematik vielfältiger Anstrengungen bedarf.

3.3 Lernumgebung

Als wichtigstes Element der Förderung von Modellierungskompetenz und damit einhergehend der Umsetzung eines ganzheitlicheren und ausdifferenzierteren Bildes der Mathematik ist (neben der Aufgabenkultur) die Lernumgebung zu betrachten. Die Lernumgebung ist der Ort des Lehr-Lern-Prozesses als Bedingung der Möglichkeit für gelingendes Lehren und Lernen. Nach der konstruktivistischen Lerntheorie ist es das Ziel, Lernumgebungen zu schaffen, welche die Lernenden zu möglichst intensiver und adäquater Konstruktion von Vorstellungen anleiten (Mandl & Reinmann, 2006). Leitaktivitäten der Lehrperson werden aus konstruktivistischer Perspektive absichtlich in den Hintergrund gestellt und

Lernsituationen werden um soziale, kulturelle sowie räumliche Gestaltungselemente erweitert. Der Lernprozess soll weitestgehend von den Lernenden selbst gesteuert werden. Problembasiertes und projektorientiertes Lernen sowie andere offene Lehr-Lernformen gelten dafür als prototypisch. Es gilt eine Balance zwischen expliziter Instruktion durch die Lehrenden und konstruktiver Aktivität der Lernenden zu finden. Zur praktischen Umsetzung eignet sich dabei eine problemorientierte Lernumgebung in besonderem Maße. Problemorientiertes Lernen zeichnet sich dadurch aus, dass authentische oder realitätsbezogene Situationen, Ereignisse oder Fälle in den Unterricht integriert werden, und zwar in der Weise, dass sie nicht nur motivierende oder zur Übung anleitende Funktionen haben, sondern einen zentralen Anker des Lernens und Lehrens bilden. Offensichtlich bietet sich dementsprechend eine Kombination aus problemorientierter Lernumgebung und Modellierungsaufgaben an.

Hinsichtlich der Lernumgebung gibt es fünf Kriterien, die im besten Fall umzusetzen sind (Mandl & Reinmann, 2006): Den Ausgangspunkt von Lernprozessen sollen authentische Probleme bilden. Dieselben Inhalte sollen in mehreren und verschiedenen Kontexten bearbeitet werden. Die Inhalte sollen aus verschiedenen Blickwinkeln gesehen oder unter verschiedenen Aspekten beleuchtet werden. Das Lernen soll in einem sozialen Kontext stattfinden. Die Schüler*innen sollen mit instruktionaler Unterstützung begleitet werden.

Im Rahmen einer solchen Lernumgebung können die Modellierungskompetenz oder ihre erforderlichen Teilkompetenzen (vgl. Abschn. 2.2) gefördert werden. Dabei werden zum Aufbau und Förderung der Modellierungskompetenz in der Literatur zwei unterschiedliche Ansätze diskutiert: der holistische und der atomistische Ansatz (Blomhøj & Jensen, 2003; Brand, 2014; Haines & Crouch, 2007). Im holistischen Ansatz wird ein vollständiger Modellierungsprozess bzw. -kreislauf durchlaufen, d. h. alle Teilkompetenzen sollen möglichst integrativ gefördert werden. Im atomistischen Ansatz werden gezielt einzelne Teilkompetenzen gefördert, da die Durchführung eines vollständigen Modellierungsprozesses zu zeitaufwändig und zu ineffektiv sei. Allerdings ist der holistische Modellierungsansatz grundsätzlich motivierender für Schüler*innen, da vollständige Modellierungsprozesse einen höheren Grad an Authentizität vermitteln können. Auch für leistungsschwächere Schüler*innen bietet der holistische Ansatz Vorteile. Im atomistischen Ansatz können gezielt besonders anspruchsvolle Teilprozesse des Modellierens gefördert werden. Diese separate Bearbeitung verschiedener Teilprozesse erleichtert den Prozess und ist weniger zeitintensiv. Dem derzeitigen Forschungsstand zufolge ist eine allgemeine Überlegenheit eines der beiden Ansätze nicht festzustellen. Schlussfolgern lässt sich demnach, dass eine besonders gelungene Lernumgebung idealerweise beide Ansätze miteinander verbindet.

3.4   Hürden in der Umsetzung

Im Prozess des Erwerbs von Modellierungskompetenz ergeben sich vielfältige Hindernisse und Schwierigkeiten, die es zu überwinden gilt, so man dem skizzierten Anspruch des Modellierens im Mathematikunterricht gerecht werden will (Klock, 2020; Maaß, 2004; Schmidt, 2010; Schukajlow, 2006). Erstens ist für die erfolgreiche Bearbeitung von Modellierungsaufgaben vielfältiges Wissen vonnöten. Dazu gehört mathematisches Wissen, aber auch Wissen anderer Art, wie situationsbezogenes Wissen zum Aufgabenkontext und der Problemstellung als Grundvoraussetzung für mathematisches Modellieren. Zweitens gibt es organisatorische Hürden, die vor allem das Zeitproblem betreffen. Selbst wenn das Modellieren als Kompetenz im Lehrplan verankert ist, stellt dieses Zeitproblem eine Hürde dar. Drittens gibt es für mögliche Unterrichtsgestaltungen das Problem, dass Material teilweise schlecht zugänglich ist oder komplexes Material für die Bearbeitung eines gesamten Kreislaufs, das die Kriterien von Authentizität, Realitätsbezug und Offenheit erfüllt, noch fehlt. Viertens wird in verschiedenen Studien bestätigt, dass Schüler*innen im Allgemeinen Schwierigkeiten beim Bearbeiten einzelner Modellierungsschritte wie auch der Gesamtheit des Modellierungsprozesses haben. Diese Schwierigkeiten sind vielfältig und in allen Teilschritten zu verorten, was dazu führt, dass kein ganzer Kreislauf eigenständig durchlaufen wird bzw. die Modellierung frühzeitig abgebrochen wird, da die Berechnung zu unübersichtlich oder aufgrund fehlenden Wissens nicht möglich ist. Auch führt fehlendes Meta-Wissen über den Modellierungsprozess zu Fehlern im Lösungsprozess. Zudem können Schwierigkeiten in Bezug auf eine fächerübergreifende Diskussionskompetenz auftreten. Fünftens ist festzuhalten, dass gerade die Unterrichtsvorbereitung, von der Konzeption der Unterrichtsstunde bis hin zur Aufarbeitung geeigneter und tatsächlich authentischer Beispiele und Problemstellungen für spezielle Lerngruppen, viel zusätzliche Zeit in Anspruch nimmt. Des Weiteren fordern Modellierungsaufgaben auch von den Lehrkräften außermathematische Kenntnisse und ein größeres Spektrum an didaktischem Wissen bezüglich der Methodik des Unterrichts und geeigneter Interventionsformen. Es wurde festgestellt, dass neue Unterrichtsmethoden, trotz Lehrer*innenfortbildungen, keinen Einzug in den Unterricht halten, wenn diese nicht in Übereinstimmung mit den Beliefs der Lehrer*innen stehen. Deshalb müssen auch die Beliefs in Bezug auf das Ziel des Mathematikunterrichts und das

Bild der Mathematik in den Blick genommen werden, um Veränderungen erzielen zu können. Dies betrifft nicht nur Lehrkräfte, sondern auch das Bild der Mathematik bei Eltern, Politiker*innen und allgemein in der Gesellschaft. Ziel muss es sein, dieses Bild der Mathematik zu verändern: Wer Mathematik als Werkzeug begreift, das auch zur Bearbeitung außermathematische Problemstellungen dient, kann kompetenter am öffentlichen Diskurs teilnehmen. Die Kompetenz des mathematischen Modellierens kann in Prozessen der Entscheidungsfindung in Bezug auf gesamtgesellschaftliche Problemstellungen unterstützend zum Tragen kommen.

3.5 Potenzieller Konflikt innerhalb des Anspruchs an das Modellieren

Im Anspruch an das Modellieren im Schulkontext steckt ein potenzieller Konflikt. Dieser Konflikt ist verbunden mit der Tatsache, dass innerhalb der Modellierungskompetenz auch andere prozessbezogene Kompetenzen (aus dem Berliner Rahmenlehrplan) zum Tragen kommen müssen, wenn der gesamte Modellierungskreislauf im Detail durchlaufen werden soll (vgl. Abschn. 2.1). So wird beispielsweise während des Schrittes bzw. der Teilkompetenz des Mathematisierens die prozessbezogene Kompetenz „mathematische Darstellungen verwenden" benötigt. Während des Schrittes des mathematischen Arbeitens muss die prozessbezogene Kompetenz „mit symbolischen, technischen und formalen Elementen der Mathematik umgehen" notwendigerweise einbezogen werden.

Es wurde dargestellt, dass einerseits der Anspruch besteht, dass innerhalb einer konstruktivistisch-problemorientierten Lernumgebung die Schüler*innen selbstgesteuert arbeiten und möglichst alle Teilkompetenzen des Modellierens gefördert werden. Andererseits ist dabei gefordert, dass die Problemstellungen und Kontexte authentisch und realitätsbezogen sind. Solche authentischen und realitätsbezogenen Probleme sind zumeist in gesamtgesellschaftliche Kontexte eingelassen und damit in vielfältiger Weise komplex und schwierig zu fassen. Das Mathematisieren und nachfolgende mathematische Arbeiten (das wie oben dargestellt auch andere prozessbezogene Kompetenzen benötigt) ist in Bezug auf solche komplexen gesamtgesellschaftlichen Problemstellungen nicht eigenständig und selbstgesteuert von den Schüler*innen zu leisten. Hier zeigt sich ein Konflikt zwischen den beiden Seiten des Anspruchs des Modellierens im Schulkontext. Bei tatsächlich authentischen und realitätsbezogenen Problemstellungen wird das Mathematisieren bzw. die Bildung eines mathematischen Modells den Schüler*innen in vielen Fällen nicht eigenständig möglich sein, da dazu Kenntnisse und Kompetenzen (beispielsweise in Bezug auf die prozessbezogene Kompetenz „mathematische Darstellungen verwenden") benötigt werden, die weit über das Schulniveau hinausgehen. Man könnte diese Schwierigkeit umgehen, indem man den Schüler*innen das Modell vorgibt. Doch gibt man den Schüler*innen das mathematische Modell vor, so setzt sich die Schwierigkeit dennoch fort. Für die Modellierung eines authentischen, realitätsbezogenen und gesamtgesellschaftlichen Problems wird zumeist ein umfassendes und komplexes Modell benötigt, mit dem die Schüler*innen nicht selbstgesteuert und eigenständig mathematisch arbeiten können. Auch an dieser Stelle wird das Niveau der Schulmathematik überschritten.

Der Konflikt liegt darin, dass man nicht beiden Teilaspekten des Modellierens zugleich gerecht werden kann. Entweder sollen authentische und realitätsbezogene Probleme in ihrer ganzen Komplexität behandelt werden oder der gesamte Modellierungskreislauf mit allen Teilkompetenzen (inklusive des mathematischen Arbeitens) soll selbstgesteuert und eigenständig durchlaufen werden. Zur Auflösung dieses potenziellen Konflikts soll hier Folgendes vorgeschlagen werden: Mit dem Ausgangspunkt und der Entstehung des neuen Anspruchs im Mathematikunterricht und dem damit verbundenen Ziel der Kompetenzförderung im Hintergrund ist es plausibel, den Fokus auf das selbständige und selbstgesteuerte Arbeiten zu legen. Soll im Mathematikunterricht eine anwendungsorientierte Kompetenz mit Realitätsbezug gefördert werden, dann ist das Modellieren so zu verstehen, dass es darum geht, authentische und realitätsbezogene Problemstellungen von gesamtgesellschaftlicher Relevanz zu bearbeiten. Soll dabei auch eine Entwicklung der Schüler*innen hin zu mündigen, verantwortlichen und reflektiert-kritischen Mitgliedern der Gesellschaft im Fokus stehen, dann muss das Modellieren an realitätsbezogene diskursiv-politische Entscheidungsprozesse anschließen (Maaß, 2009). Um dies umsetzen zu können, ist es legitim, bestimmte Schritte im Kreislauf bzw. Teilkompetenzen in den Hintergrund rücken zu lassen (etwa „Mathematisieren" und „Mathematisch arbeiten"), um dafür andere Teilkompetenzen (etwa „Verstehen", „Interpretieren" und „Validieren") stärker fördern zu können. Dieses Vorgehen ist auch insofern plausibel, als die Teilkompetenzen „Mathematisieren" und „Mathematisch arbeiten" durch andere prozessbezogene Kompetenzen des Lehrplans, wie „Mathematische Darstellungen verwenden", „Probleme mathematisch lösen", oder „Mit symbolischen, technischen und formalen Elementen der Mathematik umgehen" ebenfalls gefördert werden.

Den Fokus innerhalb der Teilkompetenzen des Modellierens zu verschieben und einige Teilkompetenzen zugunsten anderer in den Hintergrund rücken zu lassen, wird auch einem ganzheitlicheren Bild der Mathematik gerecht. Dieses

Bild der Mathematik als Wissenschaft schließt deren Bedeutung für Kultur und Gesellschaft ein. Für ein solches Bild muss nicht gezeigt werden, dass Mathematik bedeutet, mit symbolischen, technischen und formalen Elementen oder Kalkülen umgehen zu können, vielmehr muss deutlich werden, welchen Nutzen Mathematik zur Lösung auch außermathematischer Probleme wie beispielsweise realitätsbezogener diskursiv-politischer Entscheidungsprozesse bereitstellt.

Decision Theatre

4

Nachdem im vorangegangenen Teil der Anspruch des Modellierens im Mathematikunterricht herausgearbeitet wurde, hat der nachfolgende Teil die Aufgabe, zu untersuchen, inwieweit mit der Methode des Decision Theatre dieser Anspruch eingelöst werden kann. In diesem Kapitel soll dazu die Methode des Decision Theatre zunächst eingeführt werden. Beginnend mit einer Begriffsklärung wird die historische Entwicklung des Decision Theatre dargestellt, um anschließend durch aktuelle Beispiele die IT-Unterstützung zu veranschaulichen. Ziel dieses Kapitels ist es letztendlich, das Decision Theatre als IT-gestützte interaktiv-diskursive Lernumgebung neuer Art zu charakterisieren.

4.1 Begriffsklärung: Was ist ein Decision Theatre?

Ein Decision Theatre (DT) ist eine IT-gestützte interaktiv-diskursive Methode zur Erforschung gesellschaftlicher Herausforderungen. Ein partizipatives Dialogformat ist dabei das zentrale Element des DTs als Methode. Dieses Dialogformat kann als ein Prozess kollektiver Entscheidungsfindung innerhalb heterogener Gemeinschaften beschrieben werden. Im DT diskutieren Teilnehmende aus Wissenschaft und Gesellschaft ein komplexes gesellschaftliches Problem mit dem Ziel, sich auf eine begrenzte Auswahl aus einer Menge möglicher Entscheidungen in Bezug auf den Umgang mit dem Problem zu einigen. Im Hintergrund steht dabei die Tatsache, dass Entscheidungssituationen komplexe Aufgaben darstellen. Vor allem wenn das Problem nicht scharf umgrenzt ist, sind die Entscheidenden mit einer Unmenge von Daten konfrontiert sowie mit hoher Unsicherheit und einer Vielzahl von Interessengruppen. Derzeit gibt es in diesen Fällen eine Tendenz, öffentliche Teilhabe an den Entscheidungsprozessen zu fördern, um den betroffenen Mitgliedern einer Gemeinschaft zu ermöglichen,

A. Brödner, *Decision Theater zur Förderung mathematischer Modellierungskompetenz*, essentials, https://doi.org/10.1007/978-3-662-67066-8_4

ihre Bedenken und Perspektiven in den Entscheidungsprozess einfließen zu lassen. Werden breite Schichten der Bevölkerung einbezogen, stoßen ausgearbeitete Vorschläge auf größere Akzeptanz (Peter Peters, 2012). Dies realisiert das DT innerhalb eines transdisziplinären[1] Dialogformats. Dabei kommen die einzelnen Teilnehmer*innen als Mitglieder einer Gesellschaft meistens aus verschiedenen Interessengruppen haben einen unterschiedlichen sozio-ökonomischen Hintergrund und verfügen über unterschiedliches Vorwissen, woraus sich divergierende Perspektiven auf das Entscheidungsthema ergeben. Hinzu kommen Expert*innen und Wissenschaftler*innen, die den Entscheidungsprozess begleiten (Wolf et al., 2021). Insgesamt handelt es sich somit um heterogene Gruppen. Indem das DT einerseits Wissenschaftler*innen und andererseits Teilnehmende aus Politik, Interessengruppen und breiter Gesellschaft zusammenbringt, handelt es sich auch um eine Methode der partizipativen Wissenschaftskommunikation (Raupp, 2017).

Frühere Arbeiten bieten verschiedene Kategorisierungen von DT-Elementen, wie Entscheidungsinstanzen, Entscheidungsunterstützungskomponente, Organisationssystem, DT-Layout und Technologien (Boukherroub et al., 2018) oder Zweck, Prozessergebnisse, Akteure, Prozess, Visualisierung, Modell, Modellergebnisse, Bibliothek und Benutzer*innenoberfläche (John et al., 2020). Viele dieser Elemente kommen im DT an einer oder mehreren Stellen vor – z. B. ist die Visualisierung sowohl empirischer Informationen als auch modellierter potenzieller Zukunftsszenarien üblich. Zur systematischen Vereinfachung werden in einer neueren Arbeit drei Ebenen von Hauptelementen vorgeschlagen (Wolf et al., 2021): a) empirische Daten und Informationen, b) mathematische Modellierung und Simulation sowie c) ein transdisziplinäres Dialogformat, das durch Visualisierungen der beiden ersten Ebenen unterstützt wird.

Das DT ermöglicht die diskursive Interaktion und Zusammenarbeit zwischen Wissenschaft, Politik und Gesellschaft, indem es Diskussionen mit Visualisierungen empirischer Informationen sowie mathematischer Modellierung und Simulation möglicher Zukunftsszenarien unterstützt. Die Visualisierung erfolgt über mehrere große Bildschirme oder Beamer-Projektionen. Durch das DT soll empirisch-quantitativen Daten und Informationen sowie wissenschaftlichen Simulationen und mathematischen Modellierungsprozessen und ihren Ergebnissen in komplexen Entscheidungsprozessen zu gesellschaftlich relevanten Problemstellungen mehr Gewicht zukommen (Bush et al., 2017). Um möglichst viele und

---

[1] Transdisziplinäre Forschung ist ein integrativer Ansatz aus der Nachhaltigkeitswissenschaft, bei dem auch nichtakademische Gesellschaftsteilnehmende gleichermaßen aktiv in den Forschungsprozess einbezogen werden und damit sowohl die wissenschaftliche als auch die zivilgesellschaftliche Wirklichkeit mitgestalten (Bergmann et al., 2010).

heterogene Beteiligte einbinden zu können, ist es notwendig, komplexe Informationen und Daten in einer einfachen Weise zu präsentieren und aufzubereiten. Alle Beteiligten sollten die Möglichkeit haben, auf alternative Darstellungsweisen und individualisierte Visualisierungen zuzugreifen. Genau diesen Bedürfnissen in einer komplexen Entscheidungssituation will das DT gerecht werden. Durch Visualisierungen von empirischen Daten und mathematischen Modellierungen unterstützt das DT das transdisziplinäre Dialogformat. Durch die Kombination von Visualisierung und Dialog und indem es Menschen mit ihrer Kreativität und intuitiven Einsicht ermöglicht, mit Daten, Modellen und miteinander zu interagieren, stimuliert das Decision Theatre die Koproduktion und die aktive Nutzung von Wissen und erleichtert gemeinsame Bewertungen und die Erstellung von Lösungen (Boukherroub et al., 2016). Im Sinne eines Werkzeugs der Wissenschaftskommunikation trägt das DT dazu bei, demokratische Entscheidungsprozesse mit wissenschaftlichen Daten und mathematischen Modellen zu unterstützen.

Üblicherweise ist eine DT-Veranstaltung in mindestens drei Teile gegliedert. Zunächst gibt es Input-Präsentationen von lokalen Stakeholdern und Expert*innen, in denen empirische Aspekte und ein Simulationsmodell vorgestellt werden. Daran schließt sich die Arbeit mit dem Modell in kleineren Gruppen und die Diskussion der Ergebnisse der Gruppenarbeiten an. In DT-Workshops können Stakeholder mit Modellen experimentieren, Szenarien erstellen und interaktiv vergleichen. Im Prozess spielen die Teilnehmenden meist in Kleingruppen einen fiktiven Entscheidungsprozess beziehungsweise Lösungsvorschlag für das gesellschaftliche Problem durch. Dabei kann die IT-gestützte Visualisierung laufend an den Diskussionsfortschritt angepasst werden und die Teilnehmenden können gemeinsam Simulationsergebnisse zu den Auswirkungen ihrer Entscheidungen bewerten. Am Ende schließt ein allgemeiner Diskussions- und Feedback-Block den Workshop ab. Ziel dabei ist es, eine Entscheidungssituation zu einem komplexen gesellschaftlichen Problem zu kontextualisieren, die Folgen von Entscheidungen zu evaluieren und gegebenenfalls letztendlich auch eine gemeinsame Lösung zu finden (Boukherroub et al., 2016). Dabei müssen keine optimalen Lösungen für das vorliegende Problem gefunden werden. Vielmehr geht es um einen produktiven Dialog verschiedener Argumente von heterogenen Personengruppen. Als Ergänzung kann es einen abschließenden vierten Teil zur Reflexion geben. Die Dauer eines Workshops kann je nach Umfang und Intention zwischen zwei Stunden und einem ganzen Tag variieren. Idealerweise kann die gleiche Gruppe von Stakeholdern im Laufe der Zeit an mehreren DT-Workshops teilnehmen, um einen iterativen Kommunikations- und Modellanpassungsprozess in

Gang zu bringen. Ergebnisse und offene Fragen vergangener Ereignisse können so in Modellerweiterungen einfließen und nachfolgende Ereignisse prägen.

4.2   Historische Entwicklung

Der Begriff „Decision Theatre" wurde in den 1970er Jahren verwendet, um einen neuen Lehransatz für Marketingentscheidungen in der Ökonomie zu bezeichnen. An der Lake University of San Antonio wurde ein Labor namens „Decision Theatre" eingerichtet. Es wurde als didaktische Lerneinrichtung für Managementstudent*innen und gleichzeitig als Forschungsinstrument in der Entscheidungsfindungs- und Organisationsforschung verwendet. In jüngerer Zeit hat die Arizona State University ein DT in Tempe, Arizona (2005) errichtet. Ein weiteres DT wurde vom McCain Institute for International Leadership in Washington D.C. (2013) entwickelt. Diese beiden DTs bilden zusammen das Decision Theatre Network.

Seit die Arizona State University (ASU) 2005 ihr Decision Theatre (DT) vorstellte, erlangte das Konzept immer mehr Aufmerksamkeit und wurde für unterschiedliche Zwecke in der Entscheidungsfindung eingesetzt (Edsall & Larson, 2005). Im Zentrum stehen dabei Debatten über aktuelle und komplexe gesellschaftliche Probleme. Während die Anfänge des DTs im Bereich der Ökonomie liegen, werden mittlerweile thematisch vermehrt gesamtgesellschaftlich relevante Themen wie Klimawandel, Wasserpolitik, Bildung, ökologische Nachhaltigkeit oder Mobilität der Zukunft im Rahmen von DTs bearbeitet. Das DT wurde in diesem Sinne zu einem partizipativen Dialogformat weiterentwickelt. So werden gesellschaftsrelevante Fragestellungen mit heterogenen und auch nicht-akademisch ausgebildeten Teilnehmenden sowie Personen aus Wissenschaft, Politik und Wirtschaft diskutiert. Wird ausschließlich über den Status quo informiert, ohne tatsächlich eine Diskussion zu starten beziehungsweise nach möglichen Lösungen zu recherchieren, so handelt es sich nicht um die Methode des DTs als partizipatives Dialogformat.

In den letzten Jahren wurden – neben DTs an der ASU – DTs beispielsweise in Schweden, Großbritannien oder Kanada diskutiert oder realisiert. Gemeinsam ist den meisten DTs, dass sie Expert*innen aus unterschiedlichen Berufsgruppen zusammenbringen und so zu Diskussionen einladen, die unter anderen Umständen nicht stattgefunden hätten. Die Verwendung von DTs und anderen verwandten Konzepten in verschiedenen Bereichen beweist ihre Relevanz als Entscheidungsansatz für verschiedene Probleme, die von sehr kurzfristigen bis zu sehr langfristigen Planungen reichen. Sie erscheinen besonders relevant für den

Umgang mit Entscheidungsproblemen, an denen mehrere und heterogene Entscheidungsträger*innen beteiligt sind und große Datenmengen die Grundlage der Entscheidung bilden.

4.3 Aktuelle Beispiele und IT-Unterstützung

Im Zentrum des DTs steht das beschriebene partizipative Dialogformat. Um die interaktive Entscheidungsfindung und den stattfindenden Diskurs zu unterstützen, werden im Detail vielfältige IT-Möglichkeiten genutzt. Neben dem Decision Theatre Network haben Universitäten wie die University of British Columbia, die Huazhong University of Science and Technology (China) und Tecnológico de Monterrey (Mexiko) ebenso DTs eingerichtet. Diese DTs werden aufgrund ihrer spezifischen Konfiguration und Anzeigetechnologien (z. B. Panorama-Wanddisplays) oft als semi-immersive Umgebungen bezeichnet, die es ermöglichen, die Aufmerksamkeit der Teilnehmer*innen zu aktivieren, zum Beispiel durch realitätsgetreue 3D-Bildanzeigen. Aufgrund der jüngsten Fortschritte in der Informations- und Kommunikationstechnologie können DTs auch zu virtuellen Besprechungsräumen erweitert werden und können Teilnehmer*innen aufnehmen, die nicht physisch vor Ort sind (Boukherroub et al., 2016).

Eine am Landscape Immersion Laboratory (LIL) der University of British Columbia durchgeführte Forschung zielt darauf ab, mögliche Waldbewirtschaftungsalternativen und Landschaftsplanung zu verstehen und zu bewerten (Meitner et al., 2005). Zwei Walderntе-Szenarien wurden vorbereitet und auf drei verschiedene Arten bewertet. Zunächst wurden Expert*innen gebeten, die beiden Szenarien anhand einer Reihe von Nachhaltigkeitskriterien zu bewerten. Anschließend wurden verschiedene Interessengruppen gebeten, ihre Präferenzen nach Maßgabe der gleichen Kriterien anzugeben. Die Präferenzen der Entscheidungsträger*innen wurden verwendet, um die Bewertungen der Expert*innen zu gewichten. Schließlich wurden die direkten Präferenzen der Entscheidungsträger*innen durch die Verwendung realistischer, die Szenariobeschreibungen unterstützender Landschaftsvisualisierungen ermittelt.

Anhand dieses Beispiels soll die IT-Unterstützung illustriert werden. Für die Waldbewirtschaftung wurde am LIL ein Visualisierungssystem entwickelt und implementiert, das Forstmodellierungsprogramme und eine 3D-Rendering-Engine verbindet. Dieses Visualisierungssystem ermöglicht die Orchestrierung des Flusses großer Datenmengen, die für die Erstellung genauer Darstellungen von Waldlandschaften auf der Grundlage übergeordneter politischer Entscidungen

erforderlich sind. Meitner et al. (2005) berichteten, dass dieses Visualisierungssystem es Forscher*innen ermöglichte, die Ergebnisse von Forstmodellen auf
neue Weise zu sehen, und ihnen half, Fehler zu erkennen und die Grenzen
und Annahmen der Modelle zu bewerten. Das Visualisierungssystem wurde hierbei in öffentlichen Foren im Rahmen interdisziplinärer Forschungsprojekte zur
nachhaltigen Waldbewirtschaftung eingesetzt. Es wurde festgestellt, dass der
Visualisierungsaspekt hilfreich war, da er dazu beiträgt, die Modellierungsergebnisse für durchschnittliche Teilnehmer*innen relevanter zu machen und der
Diskussion eine informative Grundlage zu geben (Sheppard & Meitner, 2005).

4.4   Das Decision Theatre als IT-gestützte interaktiv-diskursive Lernumgebung

Nach der allgemeinen Vorstellung des DTs soll es nun um die Frage gehen, wie
das DT spezifisch im Mathematikunterricht in Verbindung mit der Kompetenz-
schulung zum mathematischen Modellieren eingesetzt werden kann. Prinzipiell
kann das DT natürlich auch zur Förderung anderer mathematischer Kompetenzen eingesetzt werden. Hier soll der Fokus aber auf dem mathematischen
Modellieren liegen. Dazu wird im Folgenden zunächst ausschnittweise beschrieben, wie traditionelle digitale Werkzeuge im Mathematikunterricht zur Förderung
von Modellierungskompetenz eingesetzt werden können. Dabei wird der Bezug
zum Modellierungskreislauf hergestellt. Letztendlich wird herausgestellt, dass
es verfehlt wäre, das DT als traditionelles digitales Werkzeug zu beschreiben. Vielmehr, so wird abschließend gezeigt, lässt sich das DT als IT-gestützte
interaktiv-diskursive Lernumgebung veranschaulichen; es ist somit weit mehr als
ein digitales Werkzeug.

4.4.1   Einsatz von traditionellen digitalen Werkzeugen im Modellierungsprozess

Im Folgenden soll an zentralen Beispielen ausschnittweise dargelegt werden,
wie der Einsatz von traditionellen digitalen Werkzeugen den Modellierungsprozess im Unterricht unterstützen kann. Als digitale Werkzeuge versteht man vor
allem digitale Medien wie Computer, Tablet, Smartphone oder Handheld, die
im Mathematikunterricht zum Bearbeiten von Aufgabenstellungen in spezifischer
Weise genutzt werden (Kaiser et al., 2015). Das ist beispielsweise der Fall, wenn
Lernende mithilfe eines grafikfähigen Taschenrechners ikonische Darstellungen

generieren oder mithilfe einer dynamischen Geometriesoftware die Bewegung eines Baggers simulieren, um das erstellte Modell anschließend wieder mit der Realität zu vergleichen. Es lassen sich grundlegend vier Metaphern für das Verhältnis von Lernenden zum digitalen Werkzeug extrahieren (Galbraith et al., 2003): Das digitale Werkzeug kann Meister, Diener, Partner oder Erweiterung der eigenen Fähigkeiten sein. Während die digitalen Werkzeuge aufgrund technologischer bzw. mathematischer Abhängigkeit von ihnen oder einfach aufgrund ihrer Nutzung als zuverlässiger zeitsparender Ersatz für Stift-und-Papier-Berechnungen als Meister oder Diener gesehen werden können, erscheint die Sicht auf digitale Werkzeuge als Partner gewissermaßen avancierter. Die Schüler*innen scheinen dann oft direkt mit den digitalen Werkzeugen zu interagieren und behandeln sie fast wie menschliche Partner. Das höchste Maß an Interaktion ist erreicht, wenn die Schüler*innen die digitalen Werkzeuge als integralen Bestandteil ihres mathematischen Repertoires einbeziehen. Nutzer*innen und Werkzeuge verschmelzen dann zu einer einzigen Identität und das digitale Werkzeug kann als Erweiterung der eigenen Fähigkeiten charakterisiert werden.

Im Zusammenhang mit mathematischem Modellieren können digitale Werkzeuge unterschiedliche Prozesse unterstützen. Durch den Einsatz von digitalen Werkzeugen lässt sich auch eine Reduktion schematischer Abläufe erreichen. Sie können sowohl zum Berechnen als auch zum Simulieren verwendet werden, wenn beispielsweise die Schüler*innen die gewünschten Ergebnisse ohne diese Werkzeuge nicht oder nicht in angemessener Zeit erhalten können (Hilscher, 2003).

Beim Umgang mit realitätsbezogenen Problemen steht insbesondere in der heutigen Zeit der Umgang und die Arbeit mit großen Datenmengen („Big Data") im Fokus (Siller, 2015). Auch bei Simulationen von Realsituationen mit digitalen Werkzeugen werden häufig umfangreiche Berechnungen durchgeführt. Dabei werden Experimente an einem Modell durchgeführt, wenn z. B. die Realsituation zu komplex ist. So wären beispielsweise Voraussagen über die Population einer bestimmten Tierart bei unterschiedlichen Umweltbedingungen nur mithilfe einer Simulation möglich. Im Anschluss an die IT-gestützte Simulation kann über mathematische Begründungen für die gewonnene Lösung nachgedacht werden.

Mit digitalen Werkzeugen lassen sich außerdem verschiedene Darstellungen erzeugen; es besteht die Möglichkeit, vergleichsweise einfach zwischen Darstellungen zu wechseln, und es können gleichzeitig mehrere Darstellungen erzeugt werden, die zudem interaktiv miteinander verknüpft sind. Digitale Werkzeuge können so die Aufgabe des Visualisierens im Unterricht übernehmen (Weigand & Weth, 2010). Beispielsweise können gegebene Daten mithilfe einer Computeralgebra- oder einer Statistikanwendung dargestellt werden. Dies ist dann z. B. der Ausgangspunkt für die Entwicklung mathematischer Modelle. Ebenso können aber auch die Ergebnisse der Berechnungen visualisiert werden, um sie dann zu diskutieren.

4.4.2   Bezug zum Modellierungskreislauf

Die beschriebenen unterschiedlichen Funktionen des Rechners im Mathematikunterricht kommen bei Modellierungsproblemen an unterschiedlichen Stellen im Modellbildungskreislauf zum Tragen. So würde man beispielsweise das Recherchieren eher zu Beginn der Arbeit am Modell und das Kontrollieren eher nach dem mathematischen Arbeiten verorten. Berechnungen finden im Modellierungskreislauf zwischen mathematischem Modell und mathematischen Resultaten statt. Betrachtet man diesen Schritt des mathematischen Arbeitens mit digitalen Werkzeugen genauer, so ergeben sich weitere Aspekte. Die Nutzung der digitalen Werkzeuge bei Berechnungen im mathematischen Modell erfordert die Übersetzung des mathematischen Modells in ein Modell für das digitale Werkzeug. Dieses digitale Werkzeugmodell liefert dann Ergebnisse, die wiederum in die mathematischen Resultate übertragen werden müssen. Dieser Fokus auf das Berechnen zeigt, dass die Nutzung digitaler Werkzeuge beim Modellieren weitere Übersetzungen und Modelle erfordert. Diese Übersetzungsprozesse können in einem erweiterten Modellierungskreislauf dargestellt werden, der neben der realen Welt und der Mathematik auch die digitalen Werkzeuge berücksichtigt (Greefrath & Siller, 2018). Dies ist in Abb. 4.1 dargestellt.

Diese Darstellung betont insbesondere die erforderliche Übersetzung der mathematischen Modelle in entsprechende digitale Werkzeugmodelle zur Nutzung digitaler Werkzeuge sowie die Übersetzung der Resultate des digitalen Werkzeugs in mathematische Resultate. Betrachtet man den Schritt des Berechnens mit digitalen Werkzeugen genauer, so erfordert die Bearbeitung von Modellierungsaufgaben mit einem Computeralgebrasystem zwei Übersetzungsprozesse. Zunächst muss die Modellierungsaufgabe verstanden, vereinfacht und in die Sprache der Mathematik übersetzt werden. Das digitale Werkzeug kann jedoch erst eingesetzt werden, wenn die mathematischen Ausdrücke in die Sprache des Computers übersetzt worden sind. Die Ergebnisse des Computers müssen dann wieder in die Sprache der Mathematik zurücktransformiert werden. Schließlich kann dann das ursprüngliche Problem gelöst werden, wenn die mathematischen Ergebnisse auf die reale Situation bezogen werden.

Einige weitere Möglichkeiten für den Einsatz digitaler Werkzeuge in einem Modellierungsprozess sind im siebenschrittigen Modellierungskreislauf nach

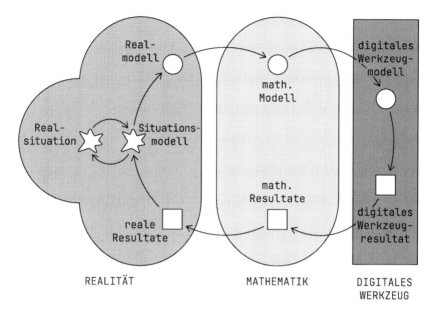

Abb. 4.1 Modellierungskreislauf erweitert durch ein digitales Werkzeug nach Greefrath und Siller (2018, S. 12)

Blum und Leiß (2005) dargestellt (Greefrath, 2011). Es wird dabei deutlich, dass die digitalen Werkzeuge beim Modellieren in allen Phasen des Modellierungs-kreislaufs sinnvoll eingesetzt werden können, wie in Abb. 4.2 dargestellt.

Wie in Abb. 4.2 ersichtlich, sind in einzelnen Teilschritten des Kreislaufs die Nutzung digitaler Werkzeuge für bestimmte Tätigkeiten möglich: 1 = Recherchie-ren, 2 = Experimentieren, 3 = Visualisieren, 4 = Berechnen bzw. Simulieren, 5 = Visualisieren, 6 = Kontrollieren. Dies ist als Erweiterung der Schritte des ursprünglichen Modellierungskreislaufs aufzufassen (vgl. Abschn. 2.1: 1 = Ver-stehen; 2 = Vereinfachen/Strukturieren; 3 = Mathematisieren; 4 = Mathematisch arbeiten; 5 = Interpretieren; 6 = Validieren; 7 = Vermitteln).

In der Diskussion ist umstritten, bei welchen Teilschritten der Einsatz von digitalen Werkzeugen besonders fokussiert werden sollte. Einige Autor*innen sehen die Chancen digitaler Werkzeuge besonders in den ersten Schritten des Modellierungskreislaufs (Schaap et al., 2011). Andere Autor*innen weisen beson-ders auf die Möglichkeiten durch verschiedene Darstellungsformen mit digitalen Werkzeugen hin (Confrey & Maloney, 2007). Aktuelle Studien zeigen, dass

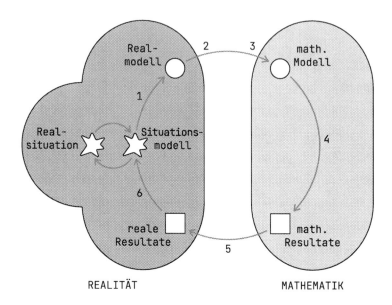

Abb. 4.2 Modellierungskreislauf mit Nutzung digitaler Werkzeuge nach Greefrath und Siller (2018, S. 12)

diese integrierte Sicht die tatsächlichen Modellierungstätigkeiten mit digitalen Werkzeugen besser beschreibt als ein erweiterter Modellierungskreislauf, der die Werkzeugnutzung an einer Stelle besonders herausstellt (Greefrath & Siller, 2018). Auch Fallstudien (Geiger, 2011; Greefrath, 2011) weisen darauf hin, dass digitale Werkzeuge für jeden Schritt des Modellierungsprozesses nützlich sein können; dies gilt insbesondere während der Interpretations- und Validierungsphase. Unabhängig von verschiedenen möglichen Akzentuierungen machen diese Überlegungen jedenfalls deutlich, dass die Nutzung digitaler Werkzeuge in allen Phasen des Modellierungsprozesses möglich und sinnvoll sein kann.

4.4.3 Das Decision Theatre im Sinne eines traditionellen digitalen Werkzeugs

In erster Annäherung lässt sich das DT so verstehen, dass mithilfe der umfänglichen IT-Unterstützung die meisten Vorzüge des Einsatzes traditioneller digitaler Werkzeuge realisiert werden können. In diesem Sinne ist das DT eine Art „IT-Dienstleister", der komplexe Teilprozesse übernimmt und den Prozess des Modellierens somit vereinfacht und beschleunigt.

Beim Umgang mit realitätsbezogenen Problemen stehen insbesondere in der heutigen Zeit der Umgang und die Arbeit mit großen Datenmengen („Big Data") im Fokus. Mit solchen empirischen Datenmengen umzugehen, ist außerhalb eines DTs im Kontext der Schule normalerweise nicht möglich. Das DT (und die implementierte Modellierung) bietet hier eine neue Möglichkeit für den Mathematikunterricht. Das DT liefert gewünschte Ergebnisse, die ohne dieses Werkzeug nicht oder nicht in angemessener Zeit erzeugt werden können. Durch das DT können authentische und gesellschaftlich relevante Problemstellungen bearbeitet werden, die sonst für den Unterricht zu komplex wären.

Das DT leistet nicht nur die Modellierung großer Datenmengen, sondern übernimmt auch die Aufgabe des Visualisierens im Unterricht. Beispielsweise können gegebene Daten vor der Modellierung als solche dargestellt werden. Dies kann dann beispielsweise der Ausgangspunkt für die Entwicklung des mathematischen Modells sein. Ebenso können aber auch die Ergebnisse der im Zuge der Modellierung erfolgten Berechnungen für die Interpretation und Validierung visualisiert werden. Es wurde festgestellt, dass der Visualisierungsaspekt hilfreich ist, da er dazu beiträgt, die Modellierungsergebnisse für die durchschnittlichen Teilnehmer*innen eines DTs relevanter zu machen (Sheppard & Meitner, 2005). Ferner wurde festgestellt, dass die Möglichkeit, die Auswirkungen möglicher Entscheidungsoptionen in visualisierter Form dynamisch zu untersuchen und Änderungen in Echtzeit zu sehen, von den Teilnehmer*innen als besonders informativ angesehen wurde und das Verständnis der Teilnehmer*innen für den Prozess zu verbessern schien. Insbesondere ermöglichten die Visualisierungen den Teilnehmer*innen mit geringeren Kenntnissen, die zur Auswahl stehenden Entscheidungsoptionen und deren Kontext besser zu verstehen und zur Diskussion beizutragen (Salter et al., 2009).

Das DT erweitert den Einsatz von digitalen Hilfsmitteln zur Vermittlung von Mathematik durch komplexe Modellierung von empirischen Daten und deren Visualisierung. In Bezug auf den Modellierungskreislauf findet dabei eine Erweiterung statt, die folgendermaßen beschrieben werden kann: Das DT übernimmt insbesondere die erforderliche Übersetzung der mathematischen Modelle in entsprechende digitale Werkzeugmodelle (zur Nutzung digitaler Werkzeuge) sowie die Übersetzung der Resultate des digitalen Werkzeugs in mathematische Resultate. Normalerweise kann das digitale Werkzeug erst eingesetzt werden, wenn die mathematischen Ausdrücke in die Sprache des Computers übersetzt worden sind. Die Ergebnisse des Computers müssen dann wieder in die Sprache der Mathematik zurücktransformiert werden. Diese beiden Prozesse übernimmt das DT. Damit kann das ursprüngliche Problem gelöst werden, indem die mathematischen Ergebnisse auf die reale Situation bezogen werden.

4.4.4   Das Decision Theatre als Lernumgebung neuer Art

Das DT im traditionellen Sinne als digitales Werkzeug zu verstehen, wird jedoch der Methode des partizipativen Dialogformats nicht gerecht, denn dabei leistet das DT mehr als ein digitales Werkzeug. Der Einsatz des DTs geht über die vier Metaphern, die das Verhältnis von Lernenden zum digitalen Werkzeug beschreiben (Meister, Diener, Partner oder Erweiterung der eigenen Fähigkeiten), hinaus. Mit einem digitalen Werkzeug im traditionellen Verständnis, wie etwa einem Computer, kann der Modellierungsprozess stellenweise unterstützt, vereinfacht und beschleunigt werden. Dies leistet das DT als „IT-Dienstleister" auch. Darüber hinaus wird aber durch das DT als IT-gestützte Methode eine neue Art von interaktiv-diskursiver Lernumgebung für den Modellierungsprozess und die Förderung der Modellierungskompetenz geschaffen. Hierbei steht die Methode des partizipativen Dialogformates im Zentrum. Im Rahmen dieser interaktiv-diskursiven Lernumgebung ist es möglich – so soll im Folgenden gezeigt werden –, dem Anspruch, der mit der Kompetenz des Modellierens im Mathematikunterricht verbunden ist (vgl. Kap. 3), gerecht zu werden. Inwieweit dies der Fall ist, soll hier vorerst im Allgemeinen angedeutet werden. Im folgenden Kapitel wird es dann am konkreten Beispiel des Projekts „Schule @ Decision Theatre Lab" detaillierter dargestellt und erläutert.

Als interaktiv-diskursive Lernumgebung ist das DT eine problemorientierte Lernumgebung (vgl. Abschn. 3.3), die die Einsichten des lernpsychologischen Konstruktivismus umsetzt. Das DT zeichnet sich dadurch aus, dass authentische und realitätsbezogene Problemstellungen in den Unterricht integriert werden, und zwar so, dass sie nicht nur motivierende oder zur Übung anleitende Funktionen haben, sondern einen zentralen Anker des Lernens und Lehrens bilden. Das heißt der Ausgangspunkt von Lernprozessen ist ein authentisches und gesamtgesellschaftlich relevantes Problem. Die Kontexte und diskutierten Probleme sind für das gegenwärtige und zukünftige Leben der Schüler*innen relevant. Innerhalb der Lernumgebung kommt ein Aufgabentyp zum Tragen, der mehr als eine bloße Textaufgabe oder eingekleidete Aufgabe ist und den Kriterien von Authentizität, Realitätsbezug und Offenheit gerecht wird. Im Zentrum steht dabei der Kernaspekt des mathematischen Modellierens: Ein gesamtgesellschaftliches Problem aus der nicht-mathematischen Welt wird in die Mathematik übersetzt und so aufbereitet, dass darüber eine produktive Diskussion in der nicht-mathematischen Welt möglich wird.

Letztendlich wird durch das DT eine Lernumgebung geschaffen, in der ein anderes Bild der Mathematik im Zentrum steht. Dieses andere Bild der Mathematik bedeutet einen anderen Fokus. Das Modellieren, wie es im DT stattfindet, betont Kontexte und Probleme, die selbständige und verantwortliche Entscheidungen von Schüler*innen einfordern und fördern. Diese Entscheidungen werden dabei im Prozess eines partizipativen Dialogs getroffen, ohne dass die Lehrkraft oder eine andere einzelne Person die entscheidende Autorität innehat oder das Ergebnis durch die Problemstellung schon vorgegeben beziehungsweise vorbestimmt ist. Die Aufgabenstellung ist damit grundlegend offen. Das Entscheidungsverfahren besteht darin, aus einer Menge von Entscheidungsoptionen diejenige auszuwählen, welche die Problemsituation am besten lösen kann. Dafür müssen die Schüler*innen die Vor- und Nachteile der Entscheidungsoptionen gegeneinander abwägen und in ein Verhältnis setzen. Für die Entscheidungsfindung müssen die Schüler*innen in der Lage sein, das Ergebnis jeder Option gleichermaßen vorherzusagen und schließlich zu bestimmen, welche Option für die Situation die beste ist. Dabei besteht eine große Herausforderung darin, fehlende Informationen und daraus resultierende Unsicherheiten entsprechend zu berücksichtigen und diese im Rahmen des Entscheidungsverfahrens zu reduzieren (Laux et al., 2018). Das DT unterstützt durch die mathematische Modellierung genau diesen Vorgang und macht damit ein interaktiv-diskursives Entscheidungsverfahren möglich. Dabei fungieren die Modell- und Simulationsergebnisse des DTs als Diskussionsgrundlage und als Anstoß zur Erforschung potenzieller Konsequenzen bestimmter Entscheidungen.

Geschult wird durch das DT die kompetente Teilnahme am öffentlichen Diskurs und an Entscheidungsprozessen zu gesamtgesellschaftlichen und zukunftsrelevanten Problemstellungen. Dabei wird ein ganzheitliches Bild der Mathematik geprägt: Mathematik im Allgemeinen und Modellierungskompetenz im Speziellen stellt sich als relevant für interaktiv-diskursive Prozesse der gesellschaftlichen Entscheidungsfindung dar.

Das Projekt „Schule @ Decision Theatre Lab"

5

Im Folgenden soll gezeigt werden, inwieweit durch die Methode des DTs der Anspruch von Modellierungsaufgaben im Mathematikunterricht eingelöst werden kann. Dazu wird das konkrete Projekt „Schule @ Decision Theatre Lab" dargestellt und daran gezeigt, inwieweit das DT als Lernumgebung zur Förderung der Modellierungskompetenz beiträgt. Außerdem wird deutlich, inwieweit damit ein ganzheitliches Bild der Mathematik geprägt wird. Die Analyse orientiert sich dabei an dem im Kap. 3 herausgearbeiteten Anspruch des Modellierens im Mathematikunterricht.

5.1 Projektbeschreibung: Decision Theatre zum Thema nachhaltige Mobilität

Zunächst wird das Projekt „Schule @ Decision Theatre Lab" im Überblick vorgestellt. Danach wird das im Projekt verwendete Modell beschrieben. Anschließend wird der Ablauf und Inhalt des DTs und des ergänzenden Workshops dargestellt.

5.1.1 Projektübersicht

Das übergeordnete Forschungsprojekt „Schule @ Decision Theatre Lab" basiert auf der Verbundforschung des Berliner Exzellenzclusters MATH+ (Berlin Mathematics Research Center). Es entwickelt und kombiniert die zwei Wissenschaftskommunikationsformate Decision Theatre und School Lab Workshop mit thematischem Fokus auf gesellschaftliche Herausforderungen. Decision Theatres und School Lab Workshops werden mit Gruppen von Schüler*innen und Lehramtsstudierenden aus der Mathematik durchgeführt und aus der Perspektive

A. Brödner, *Decision Theater zur Förderung mathematischer Modellierungskompetenz*, essentials, https://doi.org/10.1007/978-3-662-67066-8_5

der Mathematikdidaktik sowie der Sozialwissenschaften untersucht (Wolf et al., 2020). Die School Lab Workshops dienen dabei als Ergänzung zum DT und sind spezifisch auf Schüler*innen zugeschnitten, um mit der Kombination von DT und School Lab Workshops die Modellierungskompetenz zu fördern. School Lab Workshops gehen genauer auf die mathematische Modellierung ein, die dem jeweiligen DT zugrunde liegt, und erläutern diese in Vereinfachung auf einem den Schüler*innen angepassten Niveau.

Erste School Lab Workshops und Decision Theatres wurden zum Thema nachhaltige Mobilität durchgeführt. Im DT werden die Entwicklung der nachhaltigen Mobilität in den kommenden Jahren und dazugehörige gesellschaftlich-politische Entscheidungsprozesse simuliert. Dabei können Kleingruppen Optionen wie Fahrverbote, Ausbau von Fahrrad- oder Ladeinfrastruktur für E-Autos diskutieren und mithilfe interaktiver Visualisierungseffekte verschiedene Zukunftsszenarios ausloten. Ziel dabei ist es, die CO_2-Emissionen bis zum Jahr 2035 so weit wie möglich zu reduzieren. Im Gegensatz zu fest installierten Einrichtungen (wie beispielsweise an der Arizona State University) kann das DT des Projekts mobil und flexibel an verschiedenen Orten eingesetzt werden. Damit können Interessengruppen besser erreicht werden. Üblicherweise wird das DT von vier Monitoren oder Beamer-Projektionen unterstützt, auf denen – je nach Phase – Informationen, Instruktionen oder Ergebnisse gezeigt werden.

5.1.2 Mobility Transition Model

Das im DT verwendete Modell, genannt Mobility Transition Model, kurz MoTMo, ist ein agentenbasiertes Modell, das zur Erstellung möglicher Zukunftsszenarien genutzt wird. Agentenbasierte Modellierung ist eine Form der formalen Modellierung, die darauf abzielt, zu erklären, wie soziale Phänomene aus dem komplexen Zusammenspiel interdependenter Individuen entstehen (Braun & Saam, 2015). Multi-Agenten-Modelle sind üblicherweise Computersimulationsmodelle. Agentenbasierte Modelle werden deshalb genutzt, weil es bei komplexen Problemstellungen (wie beispielsweise den CO_2-Emissionen einer bestimmten Stadt in den nächsten 20 Jahren) nicht möglich ist, den Gesamtsystemzustand eindeutig zu definieren. Ein Vorteil des agentenbasierten Modells ist es, dass man keine Kenntnis über die Dynamik des Systems benötigt; man konzentriert sich stattdessen auf die aktiven Einheiten – Agent*innen – des Systems und ihr Verhalten. Im Unterschied zu anderen Modellierungsansätzen wird das Verhalten auf der Makroebene durch die lokale Interaktion von Agent*innen auf der Mikroebene erzeugt. Das Modell bildet die individuellen Entscheidungen jedes einzelnen Agenten sowie den Austausch zwischen den einzelnen Agent*innen ab. Das Verhalten von Agent*innen wird so spezifiziert, dass es einerseits von einem internen Zustand und andererseits von externen Ereignissen und den Aktionen anderer Agent*innen abhängig ist. Auf der Basis einfacher Handlungen und Entscheidungen der Agent*innen kommt infolge ihrer Interaktion und Interferenz oftmals ein Systemverhalten zustande, das nicht ohne Weiteres zu antizipieren ist (Geisendorf, 2022). Aus dem Zusammenspiel der Mikroelemente des Systems kann also eine überraschende Makrostruktur entstehen. Das Hauptziel liegt dabei in der Erklärung sozialer Phänomene aus dem Zusammenspiel von interagierenden Agent*innen (Andrae & Pobuda, 2021).

Das Mobility Transition Model simuliert als agentenbasiertes Modell die private Mobilitätsnachfrage in Deutschland mit einem Zeithorizont von drei Jahrzehnten (2005–2035). Dabei werden mögliche Zukunftsszenarien dargestellt und die resultierenden CO_2-Emissionen des Verkehrs bis 2035 berechnet. MoTMo-Agenten sind eine synthetische Grundgesamtheit von Personen in Haushalten, das heißt sie entsprechen statistisch Verteilungen der deutschen Bevölkerung in Bezug auf Alter, Einkommen, Haushaltstyp und räumliche Lage. Das Gesamtsystem wird auf der Mikroebene der Akteur*innen und ihrer Interaktionen dargestellt. Das MoTMo simuliert Mobilitätsentscheidungen von Personen in Deutschland zwischen fünf Verkehrsmitteln (KfZ mit Verbrennungsmotoren, Elektroautos, ÖPNV, Carsharing, Unmotorisiert). Diese Entscheidungen hängen unter anderem von den jeweiligen Kosten und dem Komfort des Verkehrsmittels (in Abhängigkeit von der Bevölkerungsdichte) ab. Die Annahme ist, dass Personen ihren Nutzen durch ihre Mobilitätswahl maximieren. MoTMo modelliert Mobilitätsentscheidungen als Maximierung des erwarteten Nutzens und kann dabei Auswirkungen von ausgewählten Politikmaßnahmen, Investitionsentscheidungen und anderen zukünftigen Entwicklungen simulieren.[1] Diese bestimmten Auswirkungen stellen Optionen dar, welche von den Teilnehmer*innen des DTs interaktiv diskutiert werden mit dem Ziel, sich für bestimmte und gegen andere Optionen zu entscheiden. Je nachdem, welche Optionen gewählt werden, verändern sich die daraus resultierenden (vom Modell berechneten) CO_2-Emissionen des Verkehrs bis 2035. Es gibt insgesamt zehn zur Auswahl stehende Entscheidungsoptionen. Diese Entscheidungsoptionen bestehen unter anderem in einer

---

[1] Die Modellierung der Mobilitätsentscheidungen als Maximierung des erwarteten Nutzens wird in MoTMo mithilfe einer in ökonomischen Modellen standardmäßig verwendeten Cobb-Douglas-Funktion durchgeführt. Die Details der Funktionsweise des Modells werden den Teilnehmer*innen des DTs nicht genau erläutert. Deshalb wird auch an dieser Stelle darauf verzichtet, weiterführende Details darzustellen.

Reihe von politischen Maßnahmen wie beispielsweise Subventionen für Elek-
trofahrzeuge, der Förderung des ÖPNV oder einer Gewichtsbeschränkung für
Fahrzeuge mit Verbrennungsmotoren. Zudem können auch Ereignisse beziehungsweise Entwicklungen wie ein stark erhöhter Kraftstoffpreis oder die tech-
nische Weiterentwicklung von Elektrofahrzeugen gewählt werden. Die Auswahl
von bestimmten Optionen führt letztendlich in ein Szenario, dessen Auswirkungen in Bezug auf die CO_2-Emissionen im DT visualisiert und diskutiert werden
können.

Für die Visualisierung wird die sogenannte Szenariotechnik verwendet. Durch
diese Technik werden Szenarien als plausible Zukunftsbilder ausgehend von der
aktuellen Situation, den getroffenen Entscheidungen und den Berechnungen des
Modells vergleichend dargestellt. Die Zukunftsbilder sind dabei auf Grundlage
der berechenbaren Konsequenzen der jeweils getroffenen Entscheidungen, weite-
rer relevanter Einflussfaktoren und ihres Zusammenspiels berechnet. Damit wird
ein Möglichkeitsraum potenzieller Zukünfte dargestellt. Diese Technik ermöglicht
es, Implikationen für den Untersuchungsgegenstand abzuleiten und über mögliche
Konsequenzen frühzeitig nachzudenken (Geschka, 2006).

5.1.3 Ablauf und Inhalt des Decision Theatre

Üblicherweise ist eine DT-Veranstaltung in mindestens drei Teile gegliedert.
Diese Einteilung trifft auch auf die im Projekt durchgeführten DTs zu, wobei
ergänzend und abschließend ein Reflexionsteil durchgeführt wird. Da das Projekt
„Schule @ Decision Theatre Lab" zur Aufgabe hat, DTs für den Schulkontext
allererst zu entwickeln, wurden verschiedene DTs durchgeführt, die sich in den
Details ihres Ablaufs und Inhalts leicht unterscheiden. Im Folgenden wird auf die
zentralen inhaltlichen Elemente eingegangen und ein insgesamt typischer Ablauf
skizziert.

1. *Input* (circa 1 h):
   In der ersten Phase der Instruktion wird den Schüler*innen das zur Diskussion stehende Problem vorgestellt. Daraus ergeben sich die Modellierungs-
   und Entscheidungsmöglichkeiten. Dieser Instruktionsteil nutzt die Screens zur
   Darstellung von Daten, Bildern und Textelementen. Der erste Input skizziert
   das Problem und umfasst Visualisierungen sowohl unumstrittener Tatsachen
   als auch offener Fragen. Den Schüler*innen wird das Thema Mobilität und
   Mobilitätswandel vor Augen geführt. Dazu werden die Entwicklung der Mobilität und der CO_2-Emissionen der letzten Jahrzehnte, die zu erreichenden

Zielemissionen und im Vergleich dazu die Entwicklung der Emissionen im Verkehrssektor vorgestellt, um die Bedeutung von Mobilität mit Blick auf Emissionen zu veranschaulichen. Danach wird eine Übersicht darüber gegeben, welche Verkehrsmittel in Berlin derzeit wie eingesetzt werden und wie viel Emissionen welches Verkehrsmittel verursacht. Es folgen eine Übersicht der Anzahl von PKWs auf 1000 Einwohner für einige Bundesländer und Zahlen zur Autoverteilung nach ökonomischem Status des Haushalts. Abschließend werden mögliche Entwicklungen für die Zukunft der Mobilität aufgezeigt. Dazu wird das Berliner Mobilitätsgesetz vorgestellt. Die Zusammenhänge werden so dargestellt, dass auch Schüler*innen ohne tiefer greifende Fachkenntnis auf diesem Gebiet einen Zugang zur Thematik erhalten und eine tragfähige Entscheidungsgrundlage entwickeln können. Dadurch werden die Schüler*innen in die Lage versetzt, in der nachfolgenden Diskussion fundierte Argumente vorzubringen, einzuordnen und zu beurteilen. Daraufhin können die Schüler*innen ihre Vorstellungen und Wünsche zur Mobilität der Zukunft äußern. Letztendlich werden die Schüler*innen gefragt, welche Gesetze und Maßnahmen sie als Politiker*innen veranlassen würden.

Der zweite Input erklärt die Grundlagen von Modellierungsprozessen beispielhaft anhand von Wachstumsprozessen. Danach werden die grundlegende Struktur und die wichtigsten Annahmen des interaktiven Simulationsmodells MoTMo erläutert, mit dem die Schüler*innen experimentieren werden. Dazu wird das agentenbasierte Modell rudimentär erklärt: Die Agenten stellen Personen dar sowie bestimmte Eigenschaften dieser Personen inklusive der Vernetzung der Personen untereinander. Die Schüler*innen sollen dazu angeregt werden, selbständig zu überlegen, welche empirischen Daten in das Modell einbezogen werden sollen. Außerdem ist die Frage wichtig, welche Daten überhaupt zur Verfügung stehen. Zunächst sollen die Schüler*innen eigenständig überlegen, welche Mobilitätstypen im Modell als Grundlage dienen sollen. Erst danach werden die tatsächlich verwendeten Mobilitätstypen vorgestellt. Anschließend wird diskutiert, welche Eigenschaften die Agenten haben müssten, um eine realitätsgetreue Wahl treffen zu können. Nach der Diskussion werden die tatsächlich verwendeten Eigenschaften der Agenten im Modell präsentiert. Es wird deutlich gemacht, welche Eigenschaften auf empirische Daten zurückgreifen und welche Zusammenhänge Annahmen sind. Eine Annahme ist beispielsweise der erwartete Komfort der Verkehrsmittel. In Gruppenarbeit entwerfen die Schüler*innen dazu eine Komfortkurve für jeweils ein Verkehrsmittel, die den Komfort des Verkehrsmittels als Funktion in Abhängigkeit von der Bevölkerungsdichte angibt. Als Einfluss-größen sollen Reisegeschwindigkeit, Bequemlichkeit, Zugang, Verfügbarkeit, Zuverlässigkeit etc. einbezogen werden.

Zum Abschluss der Erklärung des Modells werden Fakten über die Simulation präsentiert, um den Aufwand und die Komplexität des Prozesses zu verdeutlichen. Außerdem wird exemplarisch dargestellt, welche Modellergebnisse später in welcher Form einsehbar sind, sodass dieser Aspekt während der nachfolgenden Diskussion berücksichtigt werden kann. An dieser Stelle findet eine Pause statt, bevor die zweite Phase des DTs beginnt.

2. *Szenarien und Entscheidungssituation* (circa 40 min):
   Die zweite Phase enthält den wesentlichen Teil der interaktiven Diskussion. In einer kurzen Einführung wird zunächst vorgestellt, welche Optionen für die Erstellung von Szenarien zur Verfügung stehen. Es gibt drei Felder, in denen jeweils drei beziehungsweise vier Optionen möglich sind: Entscheidungen wie alternative politische Maßnahmen (Verordnungen) oder Investitionsoptionen (Investitionen) und alternative Annahmen über die Entwicklung exogener Einflussfaktoren, z. B. zukünftige Weltmarktentwicklungen (Ereignisse). Die Optionen im Detail sind: Gewichtsbeschränkung von SUVs, Fahrradfreundlichkeit, Verbot von Verbrennungsmotoren im Stadtzentrum (Verordnungen); Subventionierung von Elektroautos, Subventionierung des ÖPNV, Ausbau der Ladeinfrastruktur für Elektroautos (Investitionen) sowie erhöhte Benzinpreise, intermodale Digitalisierung, Weltmarktwachstum im Bereich Elektroautos, erhöhtes CarSharing-Angebot (Entwicklungen). Aus den drei beziehungsweise vier Optionen der drei Kategorien sollen die Schüler*innen jeweils maximal zwei Optionen auswählen. Beispielsweise könnte ein Fahrverbot in Innenstädten den Komfort der Nutzung von Kraftfahrzeugen mit Verbrennungsmotor in Gebieten mit hoher Bevölkerungsdichte verringern, oder eine Subvention des ÖPNV könnte dazu führen, dass die Preise im öffentlichen Personennahverkehr halbiert werden.

   Danach bilden die Schüler*innen Gruppen von etwa fünf Personen, um eine Entscheidungssituation zu simulieren. Insbesondere diskutieren sie ihre Ziele und Annahmen und wählen im Hinblick auf ihre Ziele aus den zuvor vorgestellten Optionen aus. In den bisher durchgeführten DTs wurde als Ziel des diskursiven Entscheidungsprozesses zunächst die Reduktion von CO_2-Emissionen gesetzt. Aufgabe war es, im Diskussionsprozess zu entscheiden, welche Optionen gewählt werden sollten, um dieses Ziel bestmöglich zu erreichen. In einem weiteren Schritt können die Schüler*innen gegebenenfalls weitere übergeordnete Ziele formulieren, wie zum Beispiel eine autofreie Stadt.

Die Schüler*innen können während dieser Phase die Beschreibung aller Optionen digital einsehen und die Entscheidungen ihrer Gruppe über einen Tablet-Computer umsetzen und festhalten. Ziel ist es, dass sich die Schüler*innen im Rahmen einer Zeitvorgabe gemeinsam auf eine Teilmenge der zur Auswahl stehenden Entscheidungsoptionen einigen. Die Anzahl der zu treffenden Entscheidungen ist dabei eingeschränkt, sodass es nicht möglich ist, sämtliche Entscheidungsoptionen auszuwählen; durch diese Beschränkung wird eine lebhafte Kontroverse mit regem Austausch der verschiedenen Interessengruppen gefördert. Die Schüler*innen sind aufgefordert, ihre präferierten Entscheidungsoptionen argumentativ gegen andere Entscheidungsoptionen zu verteidigen.

3. *Folgenexploration* (20 min):

In einer anschließenden gemeinsamen dritten Phase stellen die Gruppen ihre Ziele und Entscheidungen vor und die vom Modell simulierten (vorab berechneten) Folgen werden interaktiv auf den Bildschirmen dargestellt und untersucht. Dazu stellen die Gruppen ihre Zielsetzung und Maßnahmenwahl vor und begründen diese, während die entsprechenden Modellberechnungen eingeblendet werden. Dabei sollen die Gruppen auch den Prozess ihrer Entscheidungsfindung erläutern. So besteht die Möglichkeit, die Argumente und Perspektiven anderer Gruppen nachzuvollziehen.

Danach werden die Ergebnisse der Kleingruppen als Gesamtergebnis erörtert. Dazu wird die Szenariotechnik zur Darstellung möglicher Zukünfte (vgl. Abschn. 5.1.2) verwendet. Die Szenarien können jeweils paarweise miteinander verglichen werden. Auf welchem Teil der Ergebnisse der Fokus liegen soll, kann von den Schüler*innen selbst entschieden werden. Ziel ist der Vergleich verschiedener Szenarien hinsichtlich unterschiedlicher Aspekte. Die Ergebnisse können auf eine bestimmte Region beschränkt betrachtet werden, es können einzelne Mobilitätstypen hervorgehoben werden oder der Fokus kann auf bestimmte Haushaltstypen gerichtet werden. Auch das Wechselverhalten der Agent*innen zwischen Verkehrsmitteln kann dargestellt werden. In diesem Prozess können die Schüler*innen Mutmaßungen über das Entstehen und die Plausibilität der vom Modell vorgestellten Effekte anstellen.

Die Plausibilität der Modellergebnisse wird abschließend reflektiert und hinterfragt. Es wird außerdem ausdrücklich darauf hingewiesen, dass die Modellergebnisse keine Vorhersagen sind, sondern Werkzeuge zum besseren Verständnis des zugrundeliegenden komplexen sozialen Systems. Somit stellt die Explorationsphase auch das Modell selbst zur Diskussion: Die Schüler*innen können Annahmen kritisieren, neue Annahmen vorschlagen oder zusätzliche Optionen angeben, die sie mithilfe des Modells untersuchen möchten.

4. *Reflexion und Feedback* (15 min):
Hier schließt sich der Kreis zu der Frage aus der ersten Phase, wie die Schüler*innen als Politiker*innen handeln würden. In einem abschließenden Schritt reflektieren die Schüler*innen gemeinsam, welche Lehren und Konsequenzen sie aus ihren Entscheidungen und den daraus resultierenden Ergebnissen ziehen wollen. Sie fassen auch zusammen, welche Funktionen des Modells sie nützlich fanden, wo und wie das Modell modifiziert werden sollte. Allgemein können die Schüler*innen ihre Erfahrungen mitteilen und Vorschläge zur Verbesserung des Formats machen. Diese Art von Feedback der Schüler*innen fließt in die „Nachbearbeitung" jeder Veranstaltung und die Dokumentation der gewonnenen Erkenntnisse durch das DT-Team ein.

5.1.4 Ablauf und Inhalt des ergänzenden School Lab Workshop

Parallel (in der Regel vor dem DT) wird in einem School Lab Workshop genauer auf die mathematische Modellierung eingegangen, die dem jeweiligen DT zugrunde liegt. Auch der Workshop wird im Projekt allererst entwickelt und wurde daher in verschiedenen, sich im Detail leicht unterscheidenden Versionen durchgeführt. Im Folgenden wird auf die zentralen inhaltlichen Elemente eingegangen und ein insgesamt typischer Ablauf skizziert.

Da die tatsächlich verwendeten Modelle weit über das Schulniveau hinausgehen, muss eine deutlich vereinfachte Modellierungsmöglichkeit aufgezeigt werden, welche von den Schüler*innen eigenständig entworfen, untersucht und diskutiert werden kann. Das MoTMo als agentenbasiertes Modell wird daher nicht in seiner genauen Funktionsweise und seinen mathematischen Details erklärt; jedoch wird die prinzipielle Idee vermittelt, die dem Modell zugrunde liegt. Nach dieser Idee werden Personen, die Mobilitätsentscheidungen treffen, mit ihrer Umgebung (geographisch und in Bezug auf persönliche Netzwerke, z. B. für Informationsaustausch) im Modell dargestellt und die Entwicklung des Gesamtsystems wird durch Entscheidungen und Interaktionen solcher Agenten simuliert. Im Zentrum des Workshops steht der Vergleich von potenziellen Kosten-Nutzen-Funktionen, die zentrale Eigenschaften derjenigen Funktionen beschreiben, die auch im MoTMo genutzt werden. So gewinnen die Schüler*innen ein grobes Verständnis der im Modell implementierten Prozesse.

Zu Beginn des Workshops wird eine „Modellstadt" mit fünf Bewohner*innen eingeführt. Für ihren täglichen Arbeitsweg können die Bewohner*innen zwischen zwei Verkehrsmitteln wählen, dem Auto und der Bahn. Die Fahrt mit den beiden Verkehrsmitteln kostet dabei unterschiedlich viel Zeit und Geld. Wie viel Zeit und Geld die Fahrt jeweils genau kostet, hängt von der Fahrtstrecke der jeweiligen Person ab, d. h. von ihren individuellen Mobilitätsdaten. Außerdem legen die Personen unterschiedlich viel Wert auf eine kurze Fahrtzeit bzw. auf einen geringen Fahrpreis, d. h. sie haben persönliche Präferenzen. Die individuellen Mobilitätsdaten und persönlichen Präferenzen der fünf Personen werden den Schüler*innen in Form von ausgefüllten Fragebögen bereitgestellt. Die Fragebögen stellen einen fiktiven Datensatz dar, der als Grundlage für die weiteren Schritte dient.

Zu Beginn des Workshops sollen die Themen der Datenbeschaffung und -verwendung, Definition und Dokumentation eines Modells, Methoden zur Analyse der Modellergebnisse und verschiedene Arten der Ungewissheit zur Sprache kommen. Dazu sollen die Schüler*innen durch Recherche selbständig abschätzen, wie viel Kilogramm CO_2 in der Stadt etwa ausgestoßen werden. Daran anschließend ergibt sich eine Diskussion über die Abhängigkeit mathematischer Modellierung von den zugrundeliegenden statistisch-empirischen Daten.

Ziel des Hauptteils des Workshops ist es, dass die Schüler*innen weitestgehend selbständig ein mathematisches Modell entwickeln, mit dem man berechnen kann, welches der beiden Verkehrsmittel die einzelnen Personen wählen würden, wenn sich deren Fahrzeit und Fahrpreis ändern. Dazu wird angenommen, dass sich jede Person immer für das Verkehrsmittel mit den (für sie) geringeren Gesamtkosten entscheidet. Die Schüler*innen stellen – mit dieser Annahme im Hintergrund – eine Kostenfunktion auf, mit der die jeweiligen Gesamtkosten der beiden Verkehrsmittel bestimmt und miteinander verglichen werden können. Um diesen Arbeitsauftrag zu motivieren, wird ein fiktives Szenario eingeführt: Die Modellstadt hat sich das Ziel gesetzt, die CO_2-Emissionen zu reduzieren, indem sie das Bahnfahren attraktiver macht. Dazu möchte die Stadt abschätzen können, unter welchen Bedingungen sich die Personen für welches Verkehrsmittel entscheiden. Daher gibt die Modellstadt die Entwicklung eines mathematischen Modells in Auftrag, mit dem die Entscheidungen der Personen simuliert werden können. Es sollen individuelle Preisgrenzen berechnet werden, die angeben, bis zu welchem Betrag die Person mit der Bahn fahren würde. Die Schüler*innen haben die Aufgabe, eine Kostenfunktion zu erstellen, um letztendlich mit ihren Ergebnissen eine Tarifempfehlung für die Bahn aussprechen zu können. Die Fahrt mit einem der beiden Verkehrsmittel kostet jede Person unterschiedlich viel Zeit t und Geld G. Aus diesen beiden Werten sollen die Gesamtkosten K, die ein Verkehrsmittel für eine Person verursacht, ermittelt werden. Je nach Leistungsniveau der Schüler*innen wird dazu die Kostenfunktion eigenständig ermittelt oder zwischen zwei gegebenen Kostenfunktionen [K (t, G) = t * G und K (t, G) = t + G] verglichen.

Anschließend sollen Grenzen des Modells aufgezeigt werden. Im Szenario gibt dazu eine Expertin des Verkehrsunternehmens zu bedenken, dass das mathematische Modell die Mobilitätsentscheidungen der Personen noch nicht genau genug modelliert. Sie hat in einer Studie gelesen, dass Personen ein bestimmtes Verkehrsmittel eher nutzen, wenn ihr soziales Umfeld das gleiche Verkehrsmittel nutzt. Daraus ergibt sich der Auftrag für die Schüler*innen, das Modell zu überarbeiten, indem der Kostenfunktion ein zusätzlicher Faktor hinzugefügt wird, der die Verkehrsmittelwahl der sozialen Kontakte berücksichtigt. Dazu sollen die Schüler*innen beurteilen, inwiefern der Term N/a als Vorfaktor der Kostenfunktion geeignet ist, das Modell zu ergänzen. Dabei wird angenommen, dass von den N sozialen Kontakten einer Person genau a mit dem Auto und b mit der Bahn fahren. Wesentlich sind hier die Modellkritik und das Aufstellen von Forderungen an ein umfassenderes, komplexeres Modell. Dabei sollen die Schüler*innen die Einflüsse von Idealisierung und Vereinfachung auf die Funktionsweise von Modellen erleben, sie kritisch diskutieren und Rückschlüsse auf die Aussagekraft der Informationen, die schließlich im DT erzeugt werden, ziehen.

Der Workshop dient einerseits dazu, ein grundlegendes Verständnis einer vereinfachten Variante des im DT verwendeten Modells zu vermitteln. Mithilfe des Modells wird im Szenario des Workshops eine Empfehlung für die Tarifgestaltung der öffentlichen Verkehrsmittel der Modellstadt entwickelt, um CO_2-Emissionen zu reduzieren. Durch dieses Szenario wird andererseits die produktive Möglichkeit aufgezeigt, gesellschaftliche Problemstellungen und dazugehörige politische Lösungsvorschläge zu mathematisieren und aus mathematischen Erkenntnissen politische Handlungsempfehlungen abzuleiten. Es wird veranschaulicht, inwieweit Mathematik über die Grenzen der akademischen Wissenschaft hinaus gesellschaftlich nutzbar gemacht werden kann.

5.2   Förderung der Modellierungskompetenz durch das DT als Lernumgebung

Im Folgenden soll analysiert werden, inwieweit durch das DT als Lernumgebung und den ergänzenden Workshop Modellierungskompetenz gefördert wird. Dazu wird konkret Bezug auf den siebenschrittigen Modellierungskreislauf (vgl.

Abschn. 2.1) und die daraus sich ergebenden Teilkompetenzen (vgl. Abschn. 2.2) genommen. Dabei ist zu beachten, dass bei einer solchen komplexen Fragestellung die Zuordnung der einzelnen Schritte zu den idealtypischen Schritten des Modellierungskreislaufs nicht immer eindeutig ist (Maaß, 2009). Manche Schritte überschneiden sich mit mehreren Stationen des Kreislaufs und bedienen bzw. erfordern so mehrere Teilkompetenzen. Im Folgenden wird dennoch versucht, die Teilkompetenzen getrennt voneinander zu behandeln (Modellierungsphase jeweils in Klammern[2]).

5.2.1 Modellierungskompetenz im Decision Theatre

Der erste Teilkompetenz beinhaltet das **Verstehen** (1) der Realsituation. Dies wird im DT dadurch gefördert, dass ein reales und authentisches Problem als zentraler Inhalt dient. Zunächst müssen die Schüler*innen den Problemzusammenhang von nachhaltiger Mobilität und CO_2-Emissionen verstehen. Hierbei handelt es sich um einen komplexen Verstehensprozess, da das Problem in einen gesamtgesellschaftlichen Zusammenhang eingebettet ist und durch verschiedenste Faktoren beeinflusst wird. Der Verstehensprozess bezieht sich dabei auf reale Daten, die als Grundlage für den Modellierungsprozess dienen. Die Schüler*innen konstruieren im Prozess ein eigenes mentales Modell zu der gegebenen Problemsituation und ‚verstehen' somit die Fragestellung.

Den Vorgang des **Vereinfachens/Strukturierens** (2) vollziehen die Schüler*innen teilweise nach. Die Schüler*innen sollen dazu selbständig überlegen, welche empirischen Daten in das Modell einbezogen werden und welche Mobilitätstypen im Modell als Grundlage dienen sollen. Außerdem wird diskutiert, welche Eigenschaften die Agenten haben müssten, um eine realitätsbezogene Wahl zwischen den Mobilitätstypen treffen zu können. In diesem Vorgang trennen die Schüler*innen wichtige von unwichtigen Informationen und verknüpfen diese Informationen mit ihrem Kontextwissen zu einem Realmodell.

Das aufwendige **Mathematisieren** (3) und **mathematische Arbeiten** (4) wird vom DT als IT-Dienstleister übernommen. Für eine reale und authentische Problemstellung ist es angesichts der Komplexität der Thematik notwendig, diese Schritte auszulagern, da es nicht möglich ist, dass die Schüler*innen diesen Prozess selbst übernehmen. Auf einer Metaebene wird den Schüler*innen der

---

[2] Phasen des Modellierungskreislauf nach Blum und Leiß (2005): 1 = Verstehen; 2 = Vereinfachen/Strukturieren; 3 = Mathematisieren; 4 = Mathematisch arbeiten; 5 = Interpretieren; 6 = Validieren; 7 = Vermitteln (vgl. Abschn. 2.1).

Prozess des Mathematisierens und mathematischen Arbeitens verdeutlicht, indem erklärt wird, welcher Aufwand dieser Prozess bedeutet und welche Rechenleistung dafür notwendig ist. Außerdem werden letztendlich die mathematischen Resultate präsentiert, die als Modellergebnisse einsehbar sind und die Grundlage der nachfolgenden Diskussion bilden sollen.

Dennoch gewinnen die Schüler*innen einerseits auch einen Einblick in den Vorgang des Mathematisierens, in dem sie eigenständig eine Komfortkurve als Funktion in Abhängigkeit von der Bevölkerungsdichte entwerfen. Andererseits arbeiten die Schüler*innen auch am und im Modell: Der Vorgang der Auswahl der verschiedenen Entscheidungsoptionen bezieht sich auf die Arbeit am und im Modell. Dabei findet eine Art des Mathematisierens statt, das ohne das Arbeiten mit symbolischen, formalen und technischen Elementen der Mathematik auskommt. Dieser interaktiv-diskursive Vorgang der Auswahl der Entscheidungsoptionen, der im Zentrum des DTs steht, hat zugleich einen Rückbezug zu den Teilkompetenzen von Verstehen sowie Vereinfachen/Strukturieren als auch einen nach vorne gerichteten Bezug zu den Teilkompetenzen von Interpretieren und Validieren. Für die kompetente Diskussion über Ziele und Annahmen im Entscheidungsprozess bedarf es aller genannten Teilkompetenzen. Um die von ihnen präferierten Entscheidungsoptionen argumentativ verteidigen zu können, müssen die Schüler*innen den Problemzusammenhang nicht nur verstanden haben, sondern auch verstanden haben, inwieweit dieser Zusammenhang vereinfacht und strukturiert wurde, und gleichzeitig schon in der Lage sein, die möglichen Ergebnisse zu interpretieren und gegebenenfalls auch zu validieren.

Explizit wird die Teilkompetenz des **Interpretierens** (5) in der Phase der Folgenexploration gefördert. Indem die Gruppen ihre Zielstellung und Maßnahmenwahl vorstellen und begründen (während die entsprechenden Modellberechnungen auf dem Bildschirm eingeblendet werden), verleihen die Schüler*innen den mathematisch ermittelten Ergebnissen einen lebensweltlichen Sinn und interpretieren deren konkrete Bedeutung. Dabei werden die Modellergebnisse in Zusammenhang mit dem Ausgangsproblem gesetzt. Der Prozess des Interpretierens findet außerdem statt, wenn die unterschiedlichen Szenarien der einzelnen Gruppen hinsichtlich verschiedener Aspekte verglichen werden. Dabei werden auch Mutmaßungen über das Entstehen und die Plausibilität der vom Modell berechneten Effekte angestellt, was in eine Modellkritik überleitet.

Die Teilkompetenz des **Validierens** (6) wird gefördert, indem die Plausibilität der Modellergebnisse reflektiert und kritisch hinterfragt wird. Dabei wird klargestellt, dass die Modellergebnisse keine Vorhersagen sind, sondern Werkzeuge zum besseren Verständnis des zugrundeliegenden sozialen Systems. Letztendlich beurteilen die Schüler*innen das verwendete Modell, indem sie Annahmen kritisieren, neue Annahmen vorschlagen oder auch zusätzliche Optionen für die Entscheidungsfindung angeben können. Dabei steht die Frage im Hintergrund, ob die Modellergebnisse mit Blick auf die Informationen, die das ursprüngliche Problem beschreiben, plausibel erscheinen und ob das Modell für seinen Zweck geeignet ist.

Die Teilkompetenz des **Vermittelns** (7) wird in der abschließenden Reflexions- und Feedbackphase gefördert. Aus der Sicht von Politiker*innen sollen die Schüler*innen entscheiden, wie sie handeln würden und welche Lehren und Konsequenzen sie aus den von ihnen ausgewählten Entscheidungen und den daraus resultierenden Modellergebnissen ziehen wollen. Damit wird eine Antwort auf die anfängliche Realsituation und die Ausgangsfragestellung gefunden.

An dieser Stelle wird deutlich, dass auch ohne den ergänzenden Workshop alle Teilkompetenzen mit Ausnahme des mathematischen Arbeitens im DT gefördert werden. Dabei liegt der Fokus auf den Teilkompetenzen von Verstehen, Interpretieren, Validieren und Vermitteln. Um die Teilkompetenzen insgesamt und ausgewogener zu fördern, wurde das DT für den Einsatz mit Schüler*innen durch einen Workshop ergänzt.

5.2.2 Modellierungskompetenz im ergänzenden School Lab Workshop

Durch den Workshop sollen den Schüler*innen Einsichten in die Funktion des im DT genutzten Modells eröffnet werden. Dabei eröffnet sich den Schüler*innen ein methodischer Einblick in das wissenschaftliche mathematische Modellieren und dessen gesamtgesellschaftliche Bedingungen. Des Weiteren werden durch den Workshop auch die Teilkompetenzen des Mathematisierens und mathematischen Arbeitens in Ergänzung zu den im DT geförderten Teilkompetenzen ins Zentrum gestellt. Insgesamt werden aber alle Teilkompetenzen gefördert.

Im Workshop entspricht der Realsituation das Mobilitätsverhalten in einer Modellstadt. Diese Ausgangssituation müssen die Schüler*innen verstehen und erkennen, welche Informationen aus der Aufgabenstellung wesentlich sind. Dabei konstruieren die Schüler*innen ein eigenes mentales Modell zur Fragestellung. Dies entspricht der Teilkompetenz des **Verstehens** (1).

Zu Beginn des Workshops werden die Themen Datenbeschaffung und Datenverwendung thematisiert, wobei verschiedene Arten von Ungewissheit innerhalb dieses Prozesses zur Sprache kommen. Die Schüler*innen trennen wichtige von unwichtigen Informationen aus der Realsituation und verknüpfen diese mit ihrem Kontextwissen, indem sie die Datensätze der fünf Bewohner*Innen aus der Modellstadt analysieren. Dabei handelt es sich um die Teilkompetenz des **Vereinfachens/Strukturierens** (2).

Zentrales Ziel des Workshops ist es, dass die Schüler*innen weitestgehend selbständig ein mathematisches Modell entwickeln. Damit steht die Teilkompetenz des **Mathematisierens** (3) im Zentrum. Die Schüler*innen stellen im Prozess eine Kostenfunktion auf, mit der die jeweiligen Gesamtkosten der Verkehrsmittel bestimmt und miteinander verglichen werden können. Unter Berücksichtigung von Zeit und Geld wird eine Kostenfunktion für die Gesamtkosten des jeweiligen Verkehrsmittels erstellt und werden die Entscheidungen der Personen modelliert. Dabei findet eine Übersetzung der Realsituation in mathematische Sprache statt und gleichzeitig vollzieht sich die Herausbildung des mathematischen Modells.

Mit der Kostenfunktion ermitteln die Schüler*innen individuelle Preisgrenzen für die einzelnen Personen in Bezug auf die Fahrt mit der Bahn. Dabei handelt es sich um **mathematisches Arbeiten** (4). Am Ende dieses Prozesses stehen mathematische Resultate. Dabei werden mathematische Methoden verwendet, um Ergebnisse abzuleiten, die für die Ausgangsfragestellung relevant sind.

Der Prozess der **Interpretation** (5) führt von den individuellen Preisgrenzen für die Bahnfahrt zu einer Tarifempfehlung. Dabei werden die mathematischen Resultate in das Realmodell eingeordnet. Den mathematisch ermittelten Zahlen wird ein lebensweltlicher Sinn verliehen, indem sie in den Zusammenhang des Ausgangsproblems gesetzt werden. Dabei findet die Übersetzung von der mathematischen Welt zurück in die nicht-mathematische Welt statt.

Das **Validieren** (6) findet genau genommen schon einen Schritt zuvor statt, indem das Modell aufgrund der fiktiven Kritik einer Expertin des Verkehrsunternehmens überarbeitet wird und durch den Parameter des sozialen Umfeldes ergänzt wird. Dabei stehen die Modellkritik und das Formulieren von Anforderungen an ein umfassenderes Modell am Beispiel der Forderung der Expertin im Zentrum. Außerdem werden die Einflüsse von Idealisierung und Vereinfachung auf die Grenzen bzw. auf die Aussagekraft des Modells erlebt und kritisch reflektiert. Die Modellergebnisse sollen nicht als Zukunftsprognosen fehlinterpretiert und ausschließlich in der Perspektive der eigenen Entscheidungen beurteilt werden, sondern werden als Ergebnisse eines mathematischen Modells mit spezifischen Annahmen auf Plausibilität geprüft.

Mit der Tarifempfehlung an die Modellstadt findet letztendlich auch das **Vermitteln** (7) als Teilkompetenz seine Anwendung. Die Schüler*innen geben eine Empfehlung ab, die darauf zielt, die CO_2-Emissionen in der Modellstadt zu reduzieren, indem das Bahnfahren attraktiver gemacht wird. Dazu wird eine konkrete

Preisempfehlung ausgesprochen. Anhand dessen können die Schüler*innen den Nutzen mathematischer Modellierung und Simulation für das Treffen politischer Entscheidungen differenziert bewerten.

5.3 Umsetzung des Anspruchs des Modellierens durch das Decision Theatre

In diesem Teilkapitel soll es nun darum gehen, inwieweit der Anspruch des Modellierens durch das DT eingelöst werden kann. Im Hintergrund steht dabei das Kap. 3. Betrachtet werden soll primär das DT, der Workshop spielt nur eine ergänzende Rolle.

5.3.1 Lernumgebung und Aufgabenkultur

Schon in der allgemeinen Betrachtung und ohne Bezug zu den konkreten Details des Projektes wurde klar, dass das DT eine interaktiv-diskursive, problemorientierte Lernumgebung darstellt. Dabei werden die lernpsychologischen Einsichten des Konstruktivismus umgesetzt. Das Lernen geht größtenteils selbstgesteuert vonstatten. Im Zentrum steht dabei die Entscheidungssituation. Diese Situation ist authentisch und realitätsbezogen. Die Kontexte der nachhaltigen Mobilität und das diskutierte Problem der Verminderung der CO_2-Emissionen als solches sind für das gegenwärtige und zukünftige Leben der Schüler*innen relevant. Unabhängig vom konkreten Problem des DTs, der nachhaltigen Mobilität, lässt sich festhalten, dass der Einsatz des DTs die Breite der möglichen Problemstellungen, die mit Schüler*innen bearbeitet werden können, extrem erweitert.

Außerdem wird im Detail am konkreten Beispiel klar, dass das DT die fünf Leitideen der problemorientierten Lernumgebung umzusetzen in der Lage ist. Das heißt, der Ausgangspunkt von Lernprozessen ist ein gesamtgesellschaftlich relevantes Problem. Dieselben Inhalte werden im Rahmen des DTs (und ergänzend im Workshop) in mehreren und verschiedenen Kontexten bearbeitet. Die Inhalte werden sowohl durch die Vorstellung und Inputs der Expert*innen als auch durch die Kleingruppenarbeit der Schüler*innen aus verschiedenen Blickwinkeln gesehen oder unter verschiedenen Aspekten beleuchtet. Das Lernen findet in einem sozialen Kontext statt, den das DT als Lernumgebung schafft, indem unterschiedliche Personengruppen innerhalb eines Raumes aufeinandertreffen und Schüler*innen in Gruppenarbeitsphasen zusammenarbeiten. Die Schüler*innen werden dabei mit instruktionaler Unterstützung begleitet.

Die im Zentrum stehende Entscheidungssituation ist keine bloße Text- oder eingekleidete Aufgabe, sondern erfüllt die Kriterien von Authentizität und Realitätsbezug. Wie das sozialkritische Modell des Modellierens betont, werden im DT selbständige und verantwortliche Entscheidungen von Schüler*innen eingefordert und gefördert. Dabei wird ein Kernaspekt des mathematischen Modellierens getroffen: Ein gesamtgesellschaftlich relevantes Problem wird in die Sprache der Mathematik übersetzt und so aufbereitet und wieder in eine nicht-mathematische Sprache zurückübersetzt, dass darüber eine produktive Diskussion mit Bezug auf politische Entscheidungsfindung stattfinden kann. Der Entscheidungsprozess als solcher wird dabei auch dem Kriterium der Offenheit gerecht. Weder die Lehrkraft noch die Expert*innen noch andere einzelne Personen oder Schüler*innen haben die entscheidende Autorität inne, um diese Entscheidung alleine zu treffen. Die Lösung wie auch der genaue Lösungsweg für die aufgeworfene Problemstellung in Bezug auf die CO_2-Emissionen ist nicht vorgegeben. In der Kleingruppenarbeit wird selbständig, selbstgesteuert und eigenverantwortlich an einer Lösung der Problemstellung gearbeitet, wobei die Anwendung von Kompetenz im Vordergrund steht. Die einzelnen Schüler*innen können sich dabei je nach Vorkenntnissen, Interessen und Leistungsfähigkeit individuell in die Bearbeitung einbringen.[3] Das Entscheidungsverfahren ist ein Prozess als partizipativer Dialog, der zugleich eine Arbeit am und mit dem Modell bedeutet. Die Auswahl der zur Verfügung stehenden Optionen (Verordnungen, Investitionen und Ereignisse) ist eine Arbeit mit dem Modell. Dabei fungieren die Modellergebnisse als Diskussionsgrundlage für einen Entscheidungsprozess, der analog zu einem diskursiven Prozess in der politischen Entscheidungsfindung strukturiert ist.

5.3.2 Förderung der Teilkompetenzen und Einschränkungen

Es wurde gezeigt, dass innerhalb des DTs vielfältige Teilkompetenzen gefördert werden (vgl. Abschn. 5.2.1). Im Vordergrund stehen dabei die Teilkompetenzen von Verstehen, Interpretieren, Validieren und Vermitteln. Nur eingeschränkt gefördert werden die Teilkompetenzen des Vereinfachens/Strukturierens und des

---

[3] Durch offene Modellierungsaufgaben wird der Aspekt der Heterogenität der Schüler*innenschaft besonders berücksichtigt (Leiss & Tropper, 2014). Insbesondere auch für gendersensiblen Unterricht sind Modellierungsaufgaben gut geeignet. Dabei wird gleichzeitig betont, dass durch Modellierungsaufgaben nicht nur der Aspekt der Gendergerechtigkeit berücksichtigt wird, sondern insgesamt auch die Diskurse um guten, sinnstiftenden Mathematikunterricht sowie die Individualisierung und Differenzierung des Lernens allgemein in den Blick genommen wird (Mischau & Eilerts, 2018).

Mathematisierens. Die einzige Teilkompetenz, die nicht direkt berücksichtigt wird, ist die des mathematischen Arbeitens. Dennoch arbeiten die Schüler*innen auch am und mit dem Modell. Dabei findet eine Art des Mathematisierens und mathematischen Arbeitens statt, die ohne das Arbeiten mit symbolischen, formalen und technischen Elementen oder Kalkülen der Mathematik auskommt. In dieser Art und Weise findet eine produktive Entzerrung der sich im Modellieren überschneidenden prozessbezogenen Kompetenzbereiche statt. Andere prozessbezogene Kompetenzen wie das „Arbeiten mit symbolischen, formalen und technischen Elementen" oder das „Verwenden mathematischer Darstellungen" werden damit nicht ausgeschlossen, können aber im Mathematikunterricht an anderer Stelle berücksichtigt werden. Durch diese Entzerrung kann das Modellieren als Entscheidungsprozess im Vordergrund stehen.

Im Entscheidungsprozess müssen die Schüler*innen die Vor- und Nachteile der Entscheidungsoptionen gegeneinander abwägen und in ein Verhältnis setzen. Für diese Entscheidungsfindung müssen die Schüler*innen in der Lage sein, das Ergebnis jeder Option einzuschätzen. Schließlich müssen sie die von ihnen ausgewählten Optionen argumentativ verteidigen. Dieser interaktiv-diskursive Vorgang der Auswahl der Optionen hat sowohl einen Rückbezug zu den Teilkompetenzen von Verstehen und Vereinfachen/Strukturieren wie auch einen nach vorne gerichteten Bezug zu den Teilkompetenzen von Interpretieren und Validieren. Auf einer Metaebene wird den Schüler*innen der Prozess des Mathematisierens und mathematischen Arbeitens verdeutlicht, indem erklärt wird, welchen Aufwand dieser Prozess bedeutet und welche Rechenleistung dafür notwendig ist.

Es bleibt die Einschränkung, dass das komplexe mathematische Modell als solches für die Schüler*innen nur innerhalb einer Blackbox existiert. Dies kann einerseits als Nachteil gesehen werden, da die Teilkompetenz des mathematischen Arbeitens in den Hintergrund gerät. Andererseits liegt hier aber auch eine Stärke des DTs. Dadurch, dass das DT als IT-Dienstleister die komplexen Vorgänge des Mathematisierens und mathematischen Arbeitens am Modell übernimmt, wird die Arbeit an komplexen Problemen wie dem der CO_2-Emissionen allererst ermöglicht. Die Verwendung der Mathematik ist dabei realistisch und dient gerade nicht dem Üben von Rechenwegen oder Kalkülen.

Damit auch die Teilkompetenzen von Mathematisieren und mathematischem Arbeiten gezielt gefördert werden können, dient der Workshop als Ergänzung zum DT. Im Workshop wird den Schüler*innen die grundlegende Funktion des im DT genutzten Modells in Vereinfachung dargelegt. Dabei erhalten die Schüler*innen einen methodischen Einblick in das wissenschaftliche Modellieren und dessen gesamtgesellschaftliche Bedingungen.

Außerdem ist die Kombination von DT und Workshop dazu geeignet, eine integrative Verbindung zwischen dem holistischen und dem atomistischen Ansatz beim didaktischen Umgang mit den Teilkompetenzen (vgl. Abschn. 3.3) herzustellen. Im holistischen Ansatz wird ein vollständiger Modellierungsprozess bzw. -kreislauf durchlaufen, d. h. alle Teilkompetenzen sollen möglichst im Zusammenhang gefördert werden. Im atomistischen Ansatz werden gezielt einzelne Teilkompetenzen gefördert, da die Durchführung eines vollständigen Modellierungsprozesses zu zeitaufwändig und zu ineffektiv sei. Betrachtet man DT und Workshop in Kombination, so wird ersichtlich, dass hierbei einerseits in Bezug auf die Problemstellung ein gesamter Modellierungskreislauf durchlaufen wird. Dazu wird eingangs eine komplexe Problemstellung aufgeworfen, die von den Schüler*innen zu verstehen und zu bearbeiten ist, um letztendlich in der Vermittlungsphase Lösungsvorschläge für das ursprüngliche Problem zu formulieren. Andererseits werden (ergänzend durch den Workshop) Teilkompetenzen auch im Einzelnen fokussiert und gefördert.

5.3.3   Vor-Entlastung und Verminderung der Hürden

Durch das DT werden mögliche Hürden im Prozess der Vermittlung von Modellierungskompetenz (vgl. Abschn. 3.4) durch vielfältige Weisen der (Vor-) Entlastung umgangen. Für komplexe Modellierungsaufgaben und deren erfolgreiche Bearbeitung ist vielfältiges Wissen vonnöten. Dieses Wissen wird vom DT und den Expert*innen in aufbereiteter Form bereitgestellt. Durch das DT als Dienstleister wird außerdem das Material für die inhaltliche Ausgestaltung der Lernumgebung und die Bearbeitung eines gesamten Kreislaufs bereitgestellt. Dabei erfüllt das Material die Kriterien von Authentizität, Realitätsbezug und Offenheit. Als IT-Dienstleister übernimmt das DT im Hintergrund komplexe Vorgänge des Mathematisierens und des mathematischen Arbeitens und ermöglicht so allererst die Bearbeitung von tatsächlich realitätsbezogenen und relevanten gesamtgesellschaftlichen Problemstellungen.

Sicherlich werden nicht alle Schwierigkeiten, die Schüler*innen in den einzelnen Teilschritten des Modellierens haben, durch das DT behoben. Aber im DT wird ein ganzer Kreislauf weitestgehend eigenständig durchlaufen, ohne dass dabei die Modellierung frühzeitig abgebrochen wird, etwa weil die Berechnung zu unübersichtlich ist oder an bestimmten Stellen das nötige Wissen nicht verfügbar ist. Gerade die Schwierigkeiten in Bezug auf eine fächerübergreifende Diskussionskompetenz werden durch das DT als Lernumgebung größtenteils behoben.

Der Lehrkraft wird seitens des DT die Konzeption und Vorbereitung des Unterrichts abgenommen. Zwar wird das Zeitproblem dadurch nicht im vollen Umfang behoben, aber da DT und Workshop als kompakte gemeinsame Veranstaltung angeboten werden, lässt sich hiermit in vergleichsweise wenig Zeit ein ganzer Modellierungskreislauf durchlaufen und lassen sich andererseits einzelne Teilkompetenzen fokussiert fördern. Die zur Verfügung stehende Zeit wird dabei nicht nur auf die Schulung der Kompetenz des Modellierens verwendet, sondern die Veranstaltung zielt auch auf eine Veränderung des Bildes der Mathematik im Allgemeinen. Dabei werden sowohl Schüler*innen-Vorstellungen als auch die Beliefs von Lehrer*innen in den Blick genommen. Mathematik wird dabei als Werkzeug begriffen, das zur Bearbeitung außer-mathematischer Problemstellungen dient.

5.3.4 Potenzieller Konflikt und ganzheitlicheres Bild der Mathematik

Wie herausgestellt wurde, besteht im DT ein potenzieller Konflikt zwischen der Komplexität der authentischen und realitätsbezogenen Probleme einerseits und dem Anspruch, dass die Schüler*innen den (kompletten) Modellierungskreislauf selbstgesteuert und eigenständig durchlaufen, andererseits. Mit den Mitteln und dem Niveau der Schulmathematik ist es nicht möglich, tatsächlich authentische, realitätsbezogene und gesamtgesellschaftlich relevante Probleme zu modellieren. Durch das DT wird dieser potenzielle Konflikt aufgelöst. In der Funktion als IT-Dienstleister stellt das DT das notwendige Material und die Mittel sowie das Modell zur Verfügung, um komplexe Probleme wie das Thema der zukünftigen Entwicklung nachhaltiger Mobilität bis zum Jahr 2035 zu bearbeiten. Das DT ermöglicht somit eine größere Bandbreite und Komplexität der möglichen Problemstellungen, ist aber zugleich geeignet, die einzelnen Schritte im Modellierungskreislauf beziehungsweise die Teilkompetenzen zu fördern. Durch die Entzerrung der sich im Modellieren überschneidenden Teilkompetenzen und den Fokus auf die Teilkompetenzen, die für den Entscheidungsprozess wichtig sind, vermittelt das DT ein Bild von moderner Mathematik, wie diese tatsächlich in unserer Gesellschaft zum Tragen kommt.

Aus fachdidaktischer Perspektive wird durch das DT angewandtes beziehungsweise sozialkritisches Modellieren umgesetzt. Dabei geht es um das Lösen realitätsbezogener Probleme mit dem Ziel eines besseren Verständnisses der Welt durch die Anwendung von Mathematik. Darüber hinaus wird ein kritisches Verständnis der umgebenden Welt wie auch der verwendeten mathematischen

Modelle angestrebt. Dabei fördert das Modellieren heuristische Strategien und Problemlösefähigkeiten sowie Kommunikations- und Argumentationsfähigkeiten. Diese Kompetenzen können vielfältig und langfristig in unterschiedlichen Kontexten eingesetzt werden. Schüler*innen werden somit in die Lage versetzt, verantwortungsvoll und reflektiert am gesellschaftlichen Leben und politischen Entscheidungsprozesse teilzuhaben. Durch das DT wird eine Entwicklung der Schüler*innen hin zu mündigen, verantwortlichen und reflektiert-kritischen Mitgliedern der Gesellschaft gefördert. Letztendlich wird somit durch das DT als interaktiv-partizipative Lernumgebung mit Problemorientierung das Bild der Mathematik ganzheitlich dargestellt. Mathematik wird als Werkzeug für gesellschaftliche Herausforderungen erlebbar und umgekehrt wird klar, wie gesellschaftliche Diskurse durch Mathematik zu bereichern sind.

Skeptiker*innen könnten die Frage stellen: Sollte ein Decision Theatre zur nachhaltigen Mobilität tatsächlich Teil des Mathematikunterrichts sein? Oder zugespitzt: Ist das noch Mathematik? Skeptische Fragen dieser Art sind legitime Einwände. Sicherlich ist die beschriebene Kombination aus DT und Workshop zur Schulung der Modellierungskompetenz keine alltägliche Einheit für den Mathematikunterricht. Es wird fast nicht gerechnet – jedenfalls nicht im klassischen Sinne des Rechnens – dafür werden vielfältige Daten und Informationen eingeordnet und bearbeitet, es werden Diskussionen geführt, Entscheidungen getroffen und Konsequenzen für ein zukünftiges Zusammenleben ausgelotet. Um die skeptische Frage, ob so etwas Teil des Mathematikunterrichts sein sollte, zu beantworten, lohnt es sich, abschließend nochmals einen Blick zurück auf die Entwicklungen der letzten Jahre zu werfen.

Spätestens nach dem sogenannten PISA-Schock um das Jahr 2000 wurden die Forderungen nach Veränderungen im Mathematikunterricht infolge des im internationalen Vergleich relativ schlechten Abschneidens der deutschen Schüler*innen unüberhörbar. Unterstützt durch die Kultusministerkonferenz der Bundesländer entstand die Zielstellung der Kompetenzorientierung. Der Anspruch eines anderen Mathematikunterrichts besteht also eindeutig und ist auch (politisch) kommuniziert. Der Anspruch besteht allgemein in der Ausrichtung an den Bedürfnissen der Lernenden und in der Vermittlung von vielfältig nutzbaren und nützlichen Kenntnissen, die langfristig in unterschiedlichen Kontexten als Kompetenzen zum Lösen lebensweltlicher Probleme zur Verfügung stehen. In Bezug auf den Mathematikunterricht ist die veränderte Zielstellung in vielfältiger Weise mit einem neuen und ganzheitlicheren Bild der Mathematik als solcher verbunden.

Der prozessbezogene mathematische Kompetenzbereich des Modellierens steht symptomatisch für diese Veränderung des Anspruchs an den Mathematikunterricht und die damit verbundenen Schwierigkeiten. Einerseits ist das

A. Brödner, *Decision Theater zur Förderung mathematischer Modellierungskompetenz*, essentials, https://doi.org/10.1007/978-3-662-67066-8_6

Modellieren besonders gut geeignet, um dem neuen Anspruch gerecht zu werden. Im Zentrum steht der anwendungsorientierte Übersetzungsprozess zwischen Realität und Mathematik in beide Richtungen, und damit liegt der Fokus auf dem Prozess des Lösens von Problemen aus der Realität. Andererseits sind tatsächlich realitätsbezogene und authentische Modellierungsaufgaben vergleichsweise schwierig im Mathematikunterricht umzusetzen. Der schulische Mathematikunterricht hat es schwer, einem ganzheitlicheren Bild der Mathematik gerecht zu werden.

Das Decision Theatre leistet einen Beitrag zur Lösung dieser Schwierigkeit auf drei Ebenen, insoweit das DT (in Verbindung mit dem Workshop) drei verschiedene Funktionen zu erfüllen vermag – es ist IT-Dienstleister, Wissenschaftskommunikator und problemorientierte, interaktiv-diskursive Lernumgebung. Als IT-Dienstleister ermöglicht das DT die Bearbeitung komplexer, realitätsbezogener und authentischer Probleme wie der Frage zukünftiger nachhaltiger Mobilität. Dies geschieht dadurch, dass das DT das notwendige Modell und die dazugehörigen komplexen Berechnungen im Hintergrund bereitstellt. So können Problemstellungen mathematisch modelliert werden, die das Niveau der Schulmathematik bei Weitem übersteigen. Außerdem werden die sich im Modellierungsprozess überschneidenden prozessbezogenen Kompetenzen durch diesen Prozess entzerrt. Dadurch kann der Fokus auf einer Modellierungskompetenz liegen, die ohne die Kompetenz des formalen Rechnens auskommt. Dabei wird ein ganzheitliches Bild der Mathematik geprägt, das nicht das formale Rechnen in den Vordergrund stellt, sondern die Teilkompetenzen von Verstehen, Interpretieren, Validieren und Vermitteln.

Als Wissenschaftskommunikator dient das DT als ein Werkzeug zur Wissenschaftskommunikation, denn es werden einerseits wissenschaftliche Daten und Forschungsergebnisse vermittelt und andererseits wird die Rolle dieser Daten und ihrer Aufbereitung durch mathematische Modellierungsprozesse innerhalb von Diskurs- und gesellschaftlichen Entscheidungsprozessen veranschaulicht. Mithilfe des innovativen Raum- und Visualisierungskonzeptes werden Daten und Forschungsergebnisse übersichtlich dargestellt. Das DT ist also in der Lage, Expert*innen-Wissen für Prozesse der Entscheidungsfindung auch für Laien zugänglich zu machen. Indem das DT einerseits Wissenschaftler*innen und andererseits Schüler*innen in ein Gespräch bringt, handelt es sich um eine Methode der partizipativen Wissenschaftskommunikation. Im Sinne eines solchen Werkzeugs der Wissenschaftskommunikation trägt das DT dazu bei, demokratische Entscheidungsprozesse mit wissenschaftlichen Daten und mathematischen Modellen zu unterstützen. Auch dabei wird ein ganzheitliches Bild der Mathematik geprägt: Mathematik stellt sich als gesellschaftlich relevant dar, weil sie die Grundlage für gesamtgesellschaftliche Entscheidungsprozesse liefern kann. Mathematik wird durch diesen Zusammenhang ein relevantes Werkzeug für eine konkrete lebensweltliche Anwendung.

Als problemorientierte, interaktiv-diskursive Lernumgebung realisiert das DT einen Modellierungsprozess als angewandtes und sozialkritisches Modellieren. Im Zentrum steht dabei ein diskursiver Entscheidungsprozess. In demokratischen Gesellschaften müssen fortlaufend Entscheidungen getroffen werden, welche nicht bloß die Lebenswelt der Entscheidungstragenden selbst, sondern gleichermaßen die einer Vielzahl anderer Personen beeinflussen. Insbesondere dann, wenn viele unterschiedliche Interessengruppen an einer Entscheidung beteiligt sind, kann sich der Prozess der Entscheidungsfindung als überaus schwierig erweisen. Es treffen verschiedene Perspektiven aufeinander, die mitunter zu einer divergierenden oder gegensätzlichen Bewertung von Teilaspekten führen. Derzeit gibt es in diesen Fällen eine Tendenz dazu, öffentliche Teilhabe an den Entscheidungsprozessen zu fördern, um den betroffenen Mitgliedern einer Gemeinschaft zu ermöglichen, ihre Bedenken und Perspektiven in den Entscheidungsprozess einfließen zu lassen. Dabei sind die einzelnen Mitglieder einer Gesellschaft meistens in verschiedenen Interessengruppen beheimatet, haben einen unterschiedlichen sozio-ökonomischen Hintergrund und verfügen über unterschiedlich ausgeprägtes Vorwissen zum Entscheidungsthema. Das DT als problemorientierte, interaktiv-diskursive Lernumgebung bereitet Schüler*innen darauf vor, an einem solchen Entscheidungsprozess kompetent mitzuwirken. Schüler*innen lernen dabei nicht nur, wie Mathematik und die Welt zusammenhängen, sondern auch wie Entscheidungen unterstützt durch Mathematik getroffen werden können. Im Zentrum steht dabei der Modellierungsprozess, der relevante Daten aus der Welt in die Sprache der Mathematik übersetzt, um sie innerhalb dieser Sprache aufzubereiten und letztendlich für die Diskussion wieder zurück in eine nichtmathematische Sprache zu übersetzen. Dabei wird ein ganzheitliches Bild der Mathematik geprägt: Mathematik wird als integraler Bestandteil von gesellschaftlichen und politisch-relevanten Entscheidungsprozessen erlebt. Das Verständnis dieser Art von Mathematik trägt dazu bei, dass Schüler*innen zu mündigen, verantwortlichen und reflektiert-kritischen Mitgliedern einer Gesellschaft werden, die in der Lage sind, Mathematik als ein Werkzeug zur Lösung gesellschaftlicher Herausforderungen kritisch einzusetzen.

Was Sie aus diesem *essential* mitnehmen können

- Grundlegendes Wissen über den Einsatz der Methode des Decision Theater zur Vermittlung von mathematischer Modellierungskompetenz im Schulkontext in Bezug auf
  - Grundlagen der mathematischen Modellierungskompetenz
  - den Kern der Methode des Decision Theater
  - die historische Entwicklung des Decision Theater
  - aktuelle Beispiel zum Decision Theater
- Die wichtigsten Aspekte der Funktion des Decision Theatre als IT-Dienstleister, als Wissenschaftskommunikator und als interaktiv-diskursive Lernumgebung.
- Konkrete Ideen zur Umsetzung eines Decision Theatre zur Vermittlung von mathematischer Modellierungskompetenz im Schulkontext.
- Kenntnis über den Nutzen des Einsatzes des Decision Theatre zur Vermittlung eines ganzheitlichen Bildes der Mathematik im Schulkontext konkret veranschaulicht am Beispiel des Projekts „Schule @ Decision Theatre Lab" des Berliner Exzellenzclusters MATH+ Berlin Mathematics Research Center.

A. Brödner, *Decision Theater zur Förderung mathematischer Modellierungskompetenz*, essentials, https://doi.org/10.1007/978-3-662-67066-8

Literatur

Andrae, S., & Pobuda, P. (2021). *Agentenbasierte Modellierung: Eine interdisziplinäre Einführung.* Springer.

Bergmann, M., Jahn, T., Knobloch, T., Krohn, W., Pohl, C., & Schramm, E. (2010). *Methoden transdisziplinärer Forschung: Ein Überblick mit Anwendungsbeispielen.* Campus.

Blomhoj, M., & Jensen, T. H. (2003). Developing mathematical modelling competence: Conceptual clarification and educational planning. *Teaching Mathematics and Its Applications, 22,* 123–139.

Blum, W. (2007). Mathematisches Modellieren – zu schwer für Schüler und Lehrer? *Beiträge zum Mathematikunterricht, 2007,* 3–12.

Blum, W. (2015). Quality teaching of mathematical modelling: What do we know, what can we do? In *The Proceedings of the 12th international congress on mathematical education* (S. 73–96). Springer.

Blum, W., Schukajlow, S., Leiss, D., & Messner, R. (2009). Selbständigkeitsorientierter Mathematikunterricht im ganzen Klassenverband? Einige Ergebnisse aus dem DISUM-Projekt. *Beiträge zum Mathematikunterricht. Vorträge auf der 43. Tagung für Didaktik der Mathematik. Jahrestagung der Gesellschaft für Didaktik der Mathematik vom 02.03. bis 06.03.2008 in Oldenburg,* 291–294.

Borromeo Ferri, R. (2006). Theoretical and empirical differentiations of phases in the modelling process. *ZDM, 38*(2), 86–95.

Borromeo Ferri, R. (2010). On the influence of mathematical thinking styles on learners' modeling behavior. *Journal Für Mathematik-Didaktik, 31*(1), 99–118.

Borromeo Ferri, R. (2011). *Wege zur Innenwelt des mathematischen Modellierens: Kognitive Analysen zu Modellierungsprozessen im Mathematikunterricht.* Vieweg+Teubner.

Boukherroub, T., D'Amours, S., & Rönnqvist, M. (2016). Decision theaters: A creative approach for participatory planning in the forest sector. In *Proceedings of the 6th international conference on information systems, Logistics and Supply Chain (ILS'2016) Bordeaux,* 8.

Boukherroub, T., D'amours, S., & Rönnqvist, M. (2018). Sustainable forest management using decision theaters: Rethinking participatory planning. *Journal of Cleaner Production, 179,* 567–580.

Brand, S. (2014). *Erwerb von Modellierungskompetenzen: Empirischer Vergleich eines holistischen und eines atomistischen Ansatzes zur Förderung von Modellierungskompetenzen.* Springer.

© Der/die Herausgeber bzw. der/die Autor(en), exklusiv lizenziert an Springer-Verlag GmbH, DE, ein Teil von Springer Nature 2023
A. Brödner, *Decision Theater zur Förderung mathematischer Modellierungskompetenz,* essentials, https://doi.org/10.1007/978-3-662-67066-8

Braun, N., & Saam, N. J. (Hrsg.). (2015). *Handbuch Modellbildung und Simulation in den Sozialwissenschaften.* Springer.

Bush, D., Sieber, R., Seiler, G., & Chandler, M. (2017). University-level teaching of Anthropogenic Global Climate Change (AGCC) via student inquiry. *Studies in Science Education, 53*(2), 113–136.

Confrey, J., & Maloney, A. (2007). A theory of mathematical modelling in technological settings. In W. Blum (Hrsg.), *Modelling and applications in mathematics education: The 14th ICMI study.* Springer.

Edsall, R., & Larson, K. L. (2005). Decision making in a virtual environment: Effectiveness of a semi-immersive "Decision Theater" in understanding and assessing human-environment interactions. *Proceedings of AutoCarto 6,* 25–28.

Galbraith, P., Goos, M., Renshaw, P., & Geiger, V. (2003). Technology enriched classrooms: Some implications for teaching applications and modelling. In W. Blum & K. Houston (Hrsg.), *Mathematical modelling in education and culture: ICTMA 10* (S. 111–125). Horwood Publishing Limited.

Geiger, V. (2011). Factors affecting teachers adoption of innovative practices with technology and mathematical modelling. In W. Blum, G. Kaiser, & R. Borromeo Ferri (Hrsg.), *Trends in teaching and learning of mathematical modelling* (S. 305–314). Springer.

Geisendorf, S. (2022). Agentenbasierte Modellierung als evolutorische Analysemethode. In M. Lehmann-Waffenschmidt & M. Peneder (Hrsg.), *Evolutorische Ökonomik* (S. 157–171). Springer.

Geschka, H. (2006). Szenariotechnik als Instrument der Frühaufklärung. In O. Gassmann (Hrsg.), *Management von Innovation und Risiko: Quantensprünge in der Entwicklung erfolgreich managen.* Springer.

Greefrath, G. (2011). Using technologies: New possibilities of teaching and learning modelling—Overview. In G. Kaiser, W. Blum, R. Borromeo Ferri, & G. Stillman (Hrsg.), *Trends in teaching and learning of mathematical modelling: ICTMA14.* Springer.

Greefrath, G. (2018). *Anwendungen und Modellieren im Mathematikunterricht: Didaktische Perspektiven zum Sachrechnen in der Sekundarstufe.* Springer.

Greefrath, G., Kaiser, G., Blum, W., & Borromeo Ferri, R. (2013). Mathematisches Modellieren – Eine Einführung in theoretische und didaktische Hintergründe. In R. Borromeo Ferri, G. Greefrath, & G. Kaiser (Hrsg.), *Mathematisches Modellieren für Schule und Hochschule* (S. 11–37). Springer.

Greefrath, G., & Siller, H.-S. (2018). Digitale Werkzeuge, Simulationen und mathematisches Modellieren. In G. Greefrath & H.-S. Siller (Hrsg.), *Digitale Werkzeuge, Simulationen und mathematisches Modellieren* (S. 3–22). Springer.

Haines, C., & Crouch, R. (2007). Mathematical modelling and applications: Ability and competence frameworks. In W. Blum (Hrsg.), *Modelling and applications in mathematics education: The 14th ICMI study.* Springer.

Hilscher, H. (2003). *Mathematikunterricht und neue Medien Hintergründe und Begründungen in fachdidaktischer und fachübergreifender Sicht.* Franzbecker.

John, B., Lang, D. J., von Wehrden, H., John, R., & Wiek, A. (2020). Advancing decision-visualization environments—Empirically informed design recommendations. *Futures, 123,* 1–15.

Kaiser, G., Blum, W., Borromeo Ferri, R., & Greefrath, G. (2015). Anwendungen und Modellieren. In R. Bruder, L. Hefendehl-Hebeker, B. Schmidt-Thieme, & H.-G. Weigand (Hrsg.), *Handbuch der Mathematikdidaktik* (S. 357–383). Springer.

Klock, H. (2020). *Adaptive Interventionskompetenz in mathematischen Modellierungsprozessen: Konzeptualisierung, Operationalisierung und Förderung.* Springer.

Laux, H., Gillenkirch, R. M., & Schenk-Mathes, H. Y. (2018). *Entscheidungstheorie.* Springer.

Leiss, D., & Tropper, N. (2014). *Umgang mit Heterogenität im Mathematikunterricht.* Springer.

Maaß, K. (2004). *Mathematisches Modellieren im Unterricht. Ergebnisse einer empirischen Studie.* Franzbecker.

Maaß, K. (2005). Modellieren im Mathematikunterricht der Sekundarstufe I. *Journal für Mathematik-Didaktik, 26*(2), 114–142.

Maaß, K. (2009). Von der Mathematik zur politischen Entscheidung. In L. Hefendehl-Hebeker, T. Leuders, & H.-G. Weigand (Hrsg.), *Didaktische Literatur Mathematik: Mathemagische Momente – Ein Projekt der GDM und der Deutschen Telekom Stiftung.* Cornelsen.

Maaß, K. (2018). Qualitätskriterien für den Unterricht zum Modellieren in der Grundschule. In K. Eilerts & K. Skutella (Hrsg.), *Neue Materialien für einen realitätsbezogenen Mathematikunterricht 5* (S. 1–16). Springer.

Mandl, H., & Reinmann, G. (2006). Unterrichten und Lernumgebungen gestalten. In A. Krapp & B. Weidenmann (Hrsg.), *Pädagogische Psychologie.* Beltz.

Meitner, M. J., Sheppard, S. R. J., Cavens, D., Gandy, R., Picard, P., Harshaw, H., & Harrison, D. (2005). The multiple roles of environmental data visualization in evaluating alternative forest management strategies. *Computers and Electronics in Agriculture, 49*(1), 192–205.

Mischau, A., & Eilerts, K. (2018). Modellieren im Mathematikunterricht gendersensibel gestalten. In K. Eilerts & K. Skutella (Hrsg.), *Neue Materialien für einen realitätsbezogenen Mathematikunterricht 5* (S. 125–142). Springer.

Peter Peters, H. (2012). Das Verhältnis von Wissenschaftlern zur öffentlichen Kommunikation. In B. Dernbach, C. Kleinert, & H. Münder (Hrsg.), *Handbuch Wissenschaftskommunikation* (S. 331–339). VS Verlag.

Raupp, J. (2017). Strategische Wissenschaftskommunikation. In H. Bonfadelli, B. Fähnrich, C. Lüthje, J. Milde, M. Rhomberg, & M. S. Schäfer (Hrsg.), *Forschungsfeld Wissenschaftskommunikation* (S. 143–163). Springer.

Schaap, S., Vos, P., & Goedhart, M. (2011). Students overcoming blockages while building a mathematical model: Exploring a framework. In G. Kaiser, W. Blum, R. Borromeo Ferri, & G. Stillman (Hrsg.), *Trends in teaching and learning of mathematical modelling* (Bd. 1, S. 137–146). Springer.

Schmidt, B. (2010). *Modellieren in der Schulpraxis Beweggründe und Hindernisse aus Lehrersicht.* Franzbecker.

Schukajlow, S. (2006). Schüler-Schwierigkeiten beim Lösen von Modellierungsaufgaben – Ergebnisse aus dem DISUM-Projekt. *Beiträge zum Mathematikunterricht, 4.*

SenBJF. (2017). Senatsverwaltung für Bildung, Jugend und Familie Berlin. *Rahmenlehrplan für die Jahrgangsstufen 1–10 (Teil C – Mathematik).*

Sheppard, S. R. J., & Meitner, M. (2005). Using multi-criteria analysis and visualisation for sustainable forest management planning with stakeholder groups. *Forest Ecology and Management, 207*(1–2), 171–187.

Siller, H.-S. (2015). Realitätsbezug im Mathematikunterricht. *Der Mathematikunterricht, 5,* 64.

Weigand, H.-G., & Weth, T. (2010). *Computer im Mathematikunterricht: Neue Wege zu alten Zielen.* Spektrum, Akademie.

Weinert, F. E. (2002). Vergleichende Leistungsmessung in Schulen—Eine umstrittene Selbstverständlichkeit. In F. E. Weinert (Hrsg.), *Leistungsmessungen in Schulen* (S. 17–31). Beltz.

Wolf, S., Beier, A., Fehlinger, L., Solga, H., Mischau, A., & Rogler, B. (2020). *Experimentallabor für Wissenschaftskommunikation: Schule @ Decision Theatre Lab.* DFG-Projektantrag.

Wolf, S., Furst, S., Geiges, A., Laublichler, M., Mielke, J., Steudle, G., Winter, K., & Jaeger, C. C. (2021). The decision theatre triangle for societal challenges. *Global climate forum working paper,* 19.

Printed in the United States
by Baker & Taylor Publisher Services